매일 굽고 싶은
아메리칸 쿠키

매일 굽고 싶은 아메리칸 쿠키

초판 1쇄 발행 2023년 6월 15일
초판 2쇄 발행 2024년 1월 26일

지은이 이미지·이소연·최재형

발행인 장상진
발행처 (주)경향비피
등록번호 제2012-000228호
등록일자 2012년 7월 2일

주소 서울시 영등포구 양평동 2가 37-1번지 동아프라임밸리 507-508호
전화 1644-5613 | **팩스** 02) 304-5613

ⓒ이미지·이소연·최재형

ISBN 978-89-6952-549-9 13590

매일 굽고 싶은
아메리칸 쿠키

이미지·이소연·최재형 지음

경향BP

쫀득한 쿠키를 좋아하세요?

사실 저는 처음부터 쿠키를 좋아한 건 아니었어요. 처음 먹은 쿠키가 제 입맛에는 너무 달았거든요. 밀가루 맛이 느껴져서 한 조각도 다 먹지 못한 적도 있었죠. 그러던 어느 날 글로벌호텔체인 힐튼의 업스케일 브랜드 '더블트리 바이 힐튼 호텔'에서 웰컴 쿠키로 주는 초코칩 쿠키 레시피를 공개했다는 소식을 듣고 한번 따라 만들어봤어요.

완성된 쿠키를 한입 베어 먹은 순간 지금까지 제가 가지고 있던 선입견이 와르르 무너졌어요. 갓 구운 따뜻한 초코칩 쿠키는 견과류의 고소함과 초콜릿의 달콤 쌉싸름함이 잘 어우러졌고 베어 물 때 파사삭 소리가 들릴 만큼 바삭하면서 적당히 쫀득한 식감이 환상적이었어요. 그 자리에서 두어 개를 순식간에 먹어버렸어요. 처음으로 쿠키를 먹으며 즐겁고 행복하다는 생각이 들었어요. 그때 느낀 행복감을 전하고 싶은 마음에 레시피를 연구했습니다. 단순히 단맛만 느껴지는 쿠키는 재미없어서, 쫀득하면서도 촉촉하고 풍미가 진한 맛을 내는 쿠키 레시피를 찾아내려 쿠키를 굽고 또 구웠습니다.

쿠키는 베이킹을 처음 접할 때 쉽게 도전해보지만 은근히 까다롭고 실패를 빈번히 하는 품목 중 하나예요. 같은 레시피라도 만드는 사람, 환경에 따라 결과물이 천차만별로 달라지지요. 이 책에 실린 레시피는 누구나 실패 없이 맛있는 쿠키를 만들어볼 수 있도록 최대한 간단하고 쉬운 공정으로 구성했습니다. 유튜브 '그루밍식당'에서 공개하지 않았던 쿠키 레시피로 알차게 준비했습니다. 베이킹을 처음 도전하는 분, 평소 쿠키를 좋아해 자주 만들지만 뭔가 아쉬

움이 들었던 분에게 추천합니다. 부디 즐거운 베이킹을 하시길 바랍니다.

이 책을 준비하는 동안 항상 옆에서 응원해주고 언제나 내 편이 되어주는 여자친구와 요리에 관심을 갖게 해준 엄마, 따뜻한 댓글로 힘이 나게 해주는 구독자분들에게 감사한 마음을 전합니다. 그리고 함께 작업한 조이앤베이킹 이소연 님, 플레노 베이킹 클래스 이미지 님, 출판 담당자님에게도 감사한 마음을 표합니다.

그루밍식당

이색적인 쿠키를 좋아하세요?

베이킹을 시작하기 주저하는 분들에게 항상 하는 말이 있습니다. "숟가락 들힘만 있으면 누구나 베이킹을 할 수 있습니다." 누군가는 쉽게 얘기한다고 말하겠지만, 저 또한 베이킹 전공자가 아니고 경력이 길지 않습니다. 그렇기에 더 당당히 말할 수 있어요. 누구나 시작하고 성장할 수 있다고요.

밖에서는 평범한 직장인으로, '조이앤베이킹'으로 활동하는 공간에서는 베이킹을 사랑하고 열정이 넘치는 크리에이터로 지냈습니다. 매일 출근하기 전 2시간 동안 유튜브 시청, 구글링을 통해 다양한 레시피를 분석하고 베이킹 책을 읽으며 지식을 쌓았습니다. 퇴근하고 나면 곧장 집으로 달려가 베이킹을 하고 피드백하는 시간을 가졌습니다.

직업이 연구원이다 보니 베이킹도 일종의 과학 실험을 하는 것처럼 경건하고 진지하게 탐구했습니다. 체력적으로 힘들 때도 있었지만 맛있는 레시피를 개발하고 SNS로 공유했을 때 큰 행복감을 느꼈습니다. '믿고 먹는 레시피'라는 긍정적인 피드백을 받으면 이루 말하지 못할 희열을 느꼈어요. '사는 보람이 이런 것이구나.'라는 생각이 들 정도로요.

연구원으로서의 일과 베이킹 크리에이터로서의 활동을 병행한 지 1년이 채 안되었을 때 온라인 베이킹 클래스 강사로 섭외되었습니다. 이 일을 계기로 연구원 일을 그만두고 베이킹에만 정진하고 있습니다.

베이킹 크리에이터와 강사로 활동하며 가장 큰 인기를 얻은 품목은 단연 쿠키입니다. 한 입만 베어 물어도 달콤함이 퍼지는 쿠키를 마다할 사람은 없을 거예요. 아무리 디저트 트렌드가 빠르게 변화한다고 해도 쿠키에 대한 사랑은 국적을 불문하고 변함없는 듯합니다.

더 다양하고 맛있는 쿠키 레시피를 알려드리고자 집필에 참여하게 되었습니다. 저는 두툼하고 부재료가 풍부하게 들어간 레시피를 선호합니다. 이색적인 재료를 활용하거나 색다른 모양으로 구워낸 쿠키도 좋아합니다. 그런 조이앤베이킹만의 특색을 담아 바삭하고 쫀득한 식감과 기분 좋은 단맛이 퍼져나가는 레시피로 구성했습니다.

이 책은 쿠키를 반죽하고, 굽고, 먹는 것을 좋아하는 모든 분을 위해 쓰였습니다. 오븐에서 맛있게 구워져 나온 쿠키를 상상하는 것만으로도 기분이 좋다면 이미 '쿠키 러버'에 한발 가까워진 것입니다. 책 속에서만 보던 쿠키를 직접 만들어보세요.

이 책을 준비하는 동안 옆에서 응원해준 가족과 친구들, 이 책이 세상에 나오게 도와주신 경향BP 관계자 분들께 감사드립니다. 함께 작업한 플레노 이미지 선생님과 그루밍식당 최재형 선생님께도 감사함을 표합니다.

조이앤베이킹

귀여운 쿠키를 좋아하세요?

길을 걷다가 예쁜 쿠키 가게를 보고 발걸음을 멈춰본 적이 있나요? 형형색색 꾸며진 인테리어와 저마다 붙여진 쿠키 이름들, 다양한 맛을 상상하게 하는 귀여운 쿠키는 절로 발걸음을 멈추게 합니다.

누구나 상상할 수 있지만 나만의 색깔이 담긴 디저트를 만드는 걸 좋아합니다. 그중에서도 쿠키는 특별한 미적 감각을 뽐낼 수 있어 더욱 좋아합니다. 쿠키는 여느 카페에서 손쉽게 접하는 제과이지만 쿠키 굽기에 익숙해지면 이런 저런 변형으로 자신만의 레시피를 만들 수도 있습니다. 세상에 단 하나뿐인 나만의 쿠키를 만들어보세요.

주변에서 흔하게 찾을 수 있는 쉬운 재료들로 누구나 쉽게 따라 할 수 있는 레시피 개발에 신경 썼습니다. 가족 그리고 사랑하는 사람과 즐길 때, 누군가에게 감사한 마음을 전할 때 이 책에 실린 레시피로 쿠키를 구워보세요. 설레는 마음으로 손수 구워낸 쿠키는 당신에게 특별한 하루를 선물해줄 거예요.

이 책을 준비하며 항상 곁에서 응원해준 사랑하는 가족과 친구들, 플레노 레시피를 믿고 찾아준 수강생분들과 구독자분들에게 감사한 마음을 전합니다. 함께 작업한 그루밍식당 최재형 님, 조이앤베이킹 이소연 님, 이 책을 출간할 기회를 준 경향BP에도 감사의 인사를 전합니다.

플레노

CONTENTS

◇ PART 1 ◇

Grooming Kitchen

그루밍식당 아메리칸 쿠키

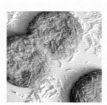

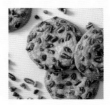

Pleno

플레노 아메리칸 쿠키

아메리칸 쿠키 도구

1 손거품기

재료들을 덩어리 없이 매끄럽게 섞거나 공기를 포집할 때 사용하는 도구이다.

2 고무주걱

반죽을 섞거나 자를 때 사용하는 도구이다. 재료를 싹싹 깨끗이 긁을 때 유용하다.

3 저울

정확한 베이킹을 위한 재료 계량 도구이다. 1g 단위로 나와 편리하다.

4 스크래퍼

볼에 남은 반죽을 긁을 때, 짤주머니에 있는 재료를 남김없이 짜낼 때, 반죽을 나눌 때 사용한다.

5 분당체

슈가 파우더나 코코아 파우더 등의 분말을 미세하게 뿌려 장식할 때 사용한다.

6 체

밀가루 등 가루 재료를 체 칠 때 사용한다. 베이킹을 할 때 가루 재료는 덩어리 없이 사용하는 것이 중요하다.

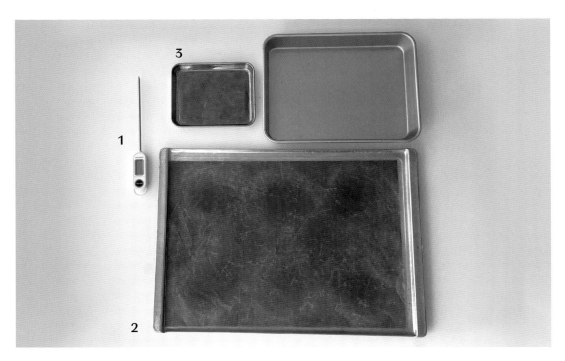

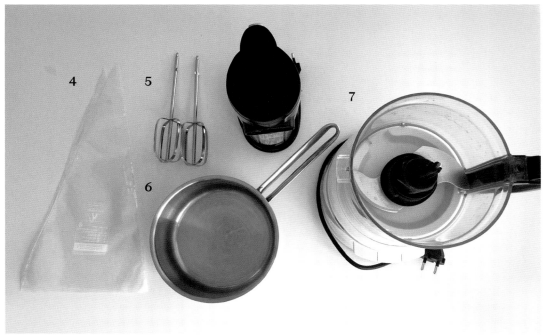

1 온도계

정확한 온도를 측정하여 반죽하면 항상 일정한 제품을 만들 수 있다.

2 테프론 시트

반죽을 구울 때 유산지처럼 깔아서 사용한다. 뜨거운 물로 닦아서 세척하면 반영구적으로 사용할 수 있다.

3 바트(쟁반)

재료를 나누거나 성형한 후 냉장 또는 냉동에서 굳힐 때 유용한 도구이다.

4 짤주머니

크림이나 잼을 짤 때, 초콜릿을 뿌릴 때 사용하며 일회용과 다회용이 있다.

5 핸드믹서

반죽을 만들 때 버터를 풀거나 크림화할 때 사용하는 도구이다. 전자동 핸드믹서가 없는 경우 손거품기를 사용해도 좋다.

6 냄비

잼을 만들거나 소스를 끓일 때 사용한다. 코팅용 냄비는 내부의 색을 판단하기 어려우므로 스테인리스로 된 소재가 좋다.

7 푸드 프로세서

재료를 다지거나 갈아야 할 때 유용한 도구이다.

아메리칸 쿠키 재료

주재료
가장 기본적인 쿠키 재료들이다.

1 밀가루
밀가루는 쿠키의 모양을 잡고 유지시키는 데 영향을 준다. 밀가루 종류에는 박력분, 중력분, 강력분이 있다. 가볍고 바삭한 쿠키를 만들고 싶다면 박력분을 사용하고, 쫀득하고 묵직한 쿠키를 만들고 싶다면 중력분을 사용한다. 간혹 강력분을 조금 섞어 사용하기도 한다.

2 버터
버터는 쿠키의 깊은 풍미와 식감에 영향을 준다. 이 책에서는 무염 버터 및 발효 버터만 사용하며, 버터를 녹이거나 크림화하는 2가지 방식으로 쿠키를 만든다. 버터를 녹이는 방식으로 만든 쿠키는 더 묵직하고 쫀득한 식감이 난다. 버터를 태워서 만든 '브라운 버터'를 사용하면 깊은 풍미의 쿠키를 만들 수 있다.

3 베이킹 소다
쿠키 반죽을 옆으로 퍼지게 하는 성질을 가진 기본적인 팽창제이다. 과하게 넣으면 쓴맛이 나므로 정확한 계량이 중요하다. 반죽에 베이킹 소다가 뭉치지 않도록 체를 쳐 준다.

4 설탕
설탕의 종류와 양에 따라 쿠키의 맛과 식감이 달라진다. 바삭한 식감과 깔끔한 맛을 내고 싶을 때는 백설탕을, 쫀득하고 촉촉한 식감과 진한 맛을 내고 싶을 때는 흑설탕이나 머스코바도를 사용한다. 이 책에서 소개한 쿠키의 맛을 그대로 재현하고 싶다면, 레시피에서 설탕의 양은 되도록 줄이지 않는 것이 좋다.

5 달걀

달걀은 쿠키의 뼈대 역할을 한다. 쿠키를 만들 때 달걀은 반드시 찬기를 빼고 사용한다.

6 바닐라 익스트랙

진한 바닐라빈 향으로 반죽에 풍미를 더한다. 밀가루 잡내와 달걀 냄새를 잡아주는 역할을 한다.

7 소금

반죽에 소량의 소금을 넣어주면 더 깊은 단맛과 풍미를 끌어올릴 수 있다. 특히 초콜릿과 궁합이 좋다.

부재료

쿠키의 특징을 결정하는 재료들이다.

1 초콜릿

초콜릿 종류에는 다크 초콜릿, 밀크 초콜릿, 화이트 초콜릿이 있다. 고급스러운 풍미와 맛을 내는 벨기에 브랜드 '깔리바우트' 또는 프랑스 브랜드 '발로나'를 추천한다.

2 말차 가루

쌉싸름한 향이 매력적인 부재료이다. 녹차 가루와 혼동하는 경우가 많은데 둘은 다른 재료이다. 이 책에서는 말차 가루를 사용했다.

3 코코아 파우더

코코아 파우더는 가루가 곱기 때문에 쉽게 뭉치는 성질이 있다. 반드시 다른 가루들과 함께 체를 쳐서 사용한다.

4 시나몬 파우더

초콜릿류 쿠키에 소량의 시나몬 파우더가 들어가면 훨씬 고급스러운 맛을 낼 수 있다.

5 옥수수 전분

반죽의 농도를 잡을 때 사용한다. 밀가루와 달리 글루텐이 없어서 가볍고 촉촉한 식감을 만들어준다.

6 레몬

레몬 껍질은 왁싱 처리가 되어 있다. 쿠키를 만들 때 레몬을 껍질까지 사용할 경우 신경 써서 깨끗이 세척해야 한다.

7 연유

우유를 농축시킨 재료로 제과에 자주 사용한다. 이 책에서는 거친 단맛을 잡아주고 밸런스를 유지해주기 위해 연유를 사용했다.

8 건크랜베리

특유의 산미와 쫄깃한 식감이 쿠키에 색다른 맛을 더해준다. 자칫 단조로울 수 있는 단맛을 싱그럽게 해준다.

9 피넛버터

피넛버터 종류에는 땅콩이 씹히는 크런치 타입과 부드러운 질감의 크리미 타입이 있다. 이 책에서는 크리미 타입을 사용했다.

10 피스타치오 페이스트

피스타치오를 곱게 갈아 페이스트 형태로 만든 제품이다. 피스타치오의 고소하고 특유의 향을 진하게 내고 싶을 때 사용한다. 일반 피스타치오를 다져서 넣는 것보다 훨씬 진한 맛을 낼 수 있다.

11 메이플 시럽

사탕단풍의 수액을 끓이고 조려서 만든 시럽으로 특유의 향과 맛이 난다. 이 책에서는 캐나다 브랜드 '메이플조'를 사용했다.

아메리칸 쿠키 Q&A

Q. 밀가루를 체 치는 이유는?

A. 쿠키 반죽에서 가장 많은 양을 차지하는 밀가루는 입자가 곱고 잘 뭉치는 성질이 있다. 체를 치는 과정에서 밀가루 덩어리를 고르게 풀어주고, 입자 사이사이에 공기를 넣어주어 다른 재료와 쉽게 섞이도록 해준다. 밀가루 덩어리가 잘 풀리지 않으면 쿠키를 구웠을 때 흰 점이 생기거나 밀가루 풋내가 날 수 있으므로 반드시 체 쳐서 반죽해야 한다.

Q. 박력분을 중력분(또는 강력분)으로 바꿔도 되는지?

A. 밀가루의 종류를 바꾸면 쿠키의 모양, 맛, 식감이 달라진다. 박력분으로 만든 쿠키는 가볍고 바삭한 식감이 특징이다. 글루텐을 가장 적게 형성하므로 중력분이나 강력분으로 만든 쿠키보다 퍼짐성이 크다. 중력분으로 만든 쿠키는 겉은 바삭하고 속은 촉촉한 식감이 특징이다. 박력분과 강력분의 중간 정도 성질을 가지고 있다. 강력분으로 만든 쿠키는 단단하고 묵직한 식감이 특징이다. 글루텐을 가장 많이 형성하므로 박력분이나 중력분으로 만든 쿠키보다 퍼짐성이 적고 볼륨감 있게 구워진다.

Q. 반죽을 오래 치대면 안 되는 이유는?

A. 밀가루 속에는 점성을 가진 글리아딘과 탄성을 주는 글루테닌이라는 단백질이 포함되어 있다. 밀가루 단백질 함량은 박력분 6~7%, 중력분 8~10%, 강력분 11~13%이며, 밀가루 단백질 함량이 많을수록 글루텐을 많이 형성한다(밀가루 종류에 따른 단백질 함량은 나라별로 기준이 다르며 대략적인 수치이다).

글루텐이란 밀가루에 물과 물리적인 힘을 더했을 때 형성되는 점성과 탄성을 지닌 그물 조직을 말한다. 이 그물 구조가 많이 형성될수록 반죽을 강하게 조여서 제대로 부풀지 않게 된다. 이것은 식감을 질기고 단단하게 하는 원인이 된다. 따라서 쿠키를 만들 땐 오래 치대지 않으며, 날가루가 보이지 않는 정도로만 가볍게 섞는 것이 좋다.

Q. 반죽을 냉장 휴지하는 이유는?

A. 쿠키 반죽은 글루텐 형성을 피해야 해서 반죽을 오래 섞지 않는다. 따라서 반죽 속 수분이 재료 곳곳에 고루 퍼지지 못한 상태이므로 재료들이 어우러질 시간이 필요하다. 반죽을 냉장고에 넣으면 차가운 온도로 인해 글루텐의 형성은 억제되고, 수분이 재료 곳곳에 침투되어 재료들이 고루 어우러져 풍미가 높아진다. 또한 반죽이 차가우면 성형하기 쉽고 오븐에서 과하게 퍼지지 않아 모양도 예쁘게 구워진다.

Q. 차가운 버터, 부드러운 버터, 녹인 버터, 태운 버터를 구분해 사용하는 이유는?

A. 버터의 상태에 따라 완성되는 쿠키의 모양과 식감이 달라진다. 동일한 레시피라고 가정했을 때 차가운 버터로 만든 쿠키는 글루텐 형성이 최소화되어 가장 도톰한 모양으로, 겉은 바삭하고 속은 촉촉한 식감으로 구워진다. 부드러운 버터는 다른 재료들과 섞이기 쉬운 상태이므로 쿠키를 만들 때 많이 쓰이는데 차가운 버터와 녹인 버터의 중간 정도 두께로, 바삭하고 부드러운 식감으로 구워진다. 녹인 버터로 만든 쿠키는 납작한 모양과 바삭하고 쫀득한 식감으로 구워진다. 태운 버터는 마이야르 반응으로 인해 녹인 버터보다 고소한 향과 진한 풍미를 낸다. 버터를 태우면 수분이 증발하므로 녹인 버터보다 1.2배 많이 계량한 후 사용하면 좋다.

Q. 백설탕, 황설탕, 흑설탕의 차이는?

A. 백설탕은 무향, 무미이므로 깔끔한 단맛을 낸다. 백설탕을 사용하면 반죽 색이 밝고 잡내가 없으므로 쿠키 본연의 맛과 색을 강조할 때 사용하면 좋다. 황설탕은 백설탕에 열을 가해 갈변된 상태로 제조한 설탕이다. 백설탕과 흑설탕으로 만든 쿠키의 중간 정도 맛과 식감을 낸다. 흑설탕은 황설탕에 캐러멜 시럽 등을 첨가하여 제조한 설탕이다. 흑설탕으로 만든 쿠키는 색깔이 진하고 단맛이 강하며 특유의 캐러멜 풍미를 내는 것이 특징이다. 수분감이 있어 백설탕으로만 만든 쿠키보다 퍼짐성이 크다.

Grooming Kitchen

그루밍식당 아메리칸 쿠키

브라운 버터 쿠키

버터를 갈색이 될 때까지 태워 만든 브라운 버터를 사용해
버터의 풍미가 강하며 머스코바도가 들어가 쫀득한 맛이 좋은 쿠키예요.

굽는 온도
170℃

 굽는 시간
8분

 분량
8~10개

재료

☐ 무염 버터 144g
☐ 머스코바도 80g
☐ 백설탕 70g
☐ 달걀 50g
☐ 바닐라 익스트랙 3ml

☐ 중력분 155g
☐ 베이킹 소다 2g
☐ 소금 1g
☐ 밀크 커버처 초콜릿 70g

사전 작업

☐ 모든 재료는 만들기 전 미리 실온에 꺼내두어 찬기가 없는 상태로 사용한다.
☐ 오븐을 170℃로 예열해둔다.

만드는 법

1 무염 버터를 냄비에 넣고 중불에 올려 버터의 색이 아메리카노처럼 연한 갈색이 될 때까지 끓인 후 완성된 브라운 버터를 미지근하게 (30~40℃) 식힌다.

TIP 취향에 따라 버터의 풍미를 더 강하게 내고 싶다면 버터의 색이 더 진해지게 가열해주세요.

2 머스코바도, 백설탕, 소금을 넣고 버터가 설탕에 흡수될 정도까지 손거품기로 가볍게 섞는다.

3 실온에 꺼내두어 찬기를 없앤 달걀과 바닐라 익스트랙을 넣고 설탕이 완전히 녹지 않을 정도까지 손거품기로 가볍게 섞는다.

4 중력분, 베이킹 소다를 체 쳐서 넣고 가루가 보이지 않을 때까지 주걱으로 11자를 그리며 가볍게 섞는다.

5 가루가 조금 남았을 때 밀크 커버처 초콜릿을 넣고 골고루 섞일 때까지 가볍게 섞는다.
> **TIP** 이때 너무 오래 섞으면 식감이 텁텁해지므로 가루가 눈으로 보이지 않을 정도까지만 섞어주세요.

6 완성된 반죽은 랩으로 감싸 냉장고에 넣어 30분 휴지한다.

7 휴지한 반죽을 약 50g씩 소분한 후 둥글납작하게 팬닝해준다.
> **TIP** 쿠키가 구워지면서 많이 퍼지므로 넉넉히 간격을 두고 반죽을 놓아주세요.

8 예열한 오븐에 반죽을 넣고 170℃에서 8분간 굽는다. 그대로 한 김 식힌 후 식힘망에 옮겨 완전히 식힌다.
> **TIP** 쿠키의 식감은 갓 구웠을 때보다 숙성 후에 훨씬 더 좋아집니다.

코코넛 쿠키

반죽 속뿐만 아니라 겉에도 코코넛을 듬뿍 넣어
코코넛 향이 물씬 느껴지는 쿠키예요.

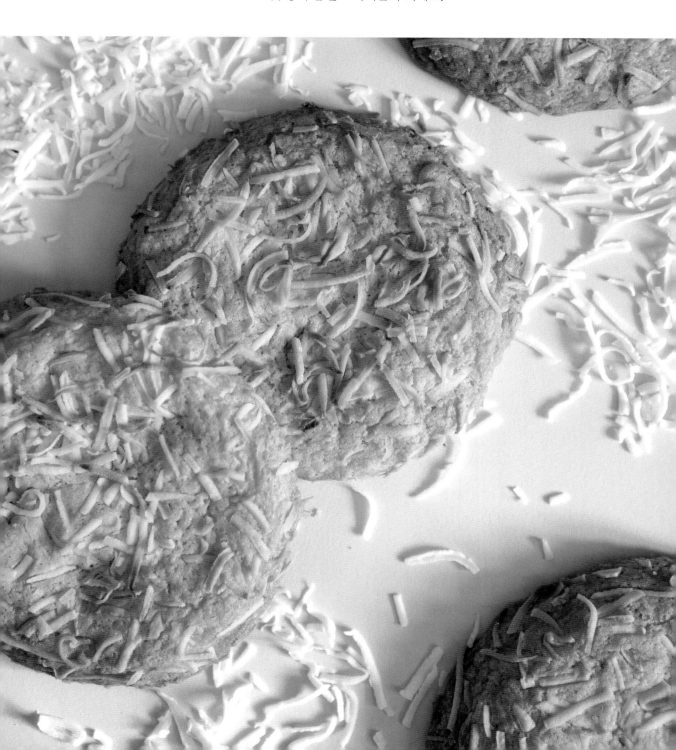

굽는 온도
170℃

 굽는 시간
8분

 분량
8~10개

재료

□ 무염 버터 120g
□ 황설탕 80g
□ 백설탕 70g
□ 달걀 50g
□ 연유 8g
□ 바닐라 익스트랙 3ml

□ 중력분 155g
□ 코코넛 분말 30g
□ 베이킹 소다 2g
□ 소금 1g
□ 토핑용 코코넛롱 슬라이스 50g

사전 작업

□ 모든 재료는 만들기 전 미리 실온에 꺼내두어 찬기가 없는 상태로 사용한다.
□ 오븐을 170℃로 예열해둔다.

만드는 법

1 무염 버터를 전자레인지에 넣고 15초씩 짧게
끓어가며 돌려 완전히 녹여준다(30~40℃).

2 황설탕, 백설탕, 소금을 넣고 버터가 설탕에
흡수될 정도까지 손거품기로 가볍게 섞는다.

3 실온에 꺼내두어 찬기를 없앤 달걀과 바닐라
익스트랙, 연유를 넣고 설탕이 완전히 녹지 않
을 정도까지 손거품기로 가볍게 섞는다.

> **TIP** 연유를 넣으면 맛이 부드럽고 촉촉한 식감의 쿠키
> 를 만들 수 있어요.

4 중력분, 베이킹 소다를 체 쳐서 넣고 코코넛 분
말을 추가로 넣은 뒤 가루가 보이지 않을 때까
지 주걱으로 11자를 그리며 가볍게 섞는다.

> **TIP** 이때 너무 오래 섞으면 식감이 텁텁해지므로 가루
> 가 눈으로 보이지 않을 정도까지만 섞어주세요.

5 완성된 반죽은 랩으로 감싸 냉장고에 넣어 30
분 휴지한다.

6 휴지한 반죽을 약 50g씩 소분한 후 반죽 윗면
만 코코넛 슬라이스에 굴리고 둥글납작하게
팬닝해준다.

> **TIP** 쿠키가 구워지면서 많이 퍼지므로 넉넉히 간격을
> 두고 반죽을 놓아주세요.

7 예열한 오븐에 반죽을 넣고 170℃에서 8분간
굽는다. 그대로 한 김 식힌 후 식힘망에 옮겨
완전히 식힌다.

> **TIP** 쿠키의 식감은 갓 구웠을 때보다 숙성 후에 훨씬 더
> 좋아집니다.

말차 크랜베리 쿠키

쌉싸름한 말차의 향과 시트러스한 건크랜베리 맛의 조합이 좋은 쿠키예요.

굽는 온도
170℃

 **굽는 시간**
8분

 분량
8~10개

재료

☐ 무염 버터 120g

☐ 황설탕 80g

☐ 백설탕 70g

☐ 달걀 50g

☐ 연유 8g

☐ 바닐라 익스트랙 3ml

☐ 중력분 155g

☐ 말차 가루 11g

☐ 베이킹 소다 2g

☐ 소금 1g

☐ 건크랜베리 50g

☐ 화이트 커버처 초콜릿 50g

사전 작업

☐ 모든 재료는 만들기 전 미리 실온에 꺼내두어 찬기가 없는 상태로 사용한다.

☐ 건크랜베리는 끓는 물에 넣어 살짝 데친 후 찬물에 헹군 뒤 물기를 완전히 제거 후 사용한다.

☐ 오븐을 170℃로 예열해둔다.

──── **만드는 법** ────

1 무염 버터를 전자레인지에 넣고 15초씩 짧게 끓어가며 돌려 완전히 녹여준다(30~40℃).

2 황설탕, 백설탕, 소금을 넣고 버터가 설탕에 흡수될 정도까지 손거품기로 가볍게 섞는다.

3 실온에 꺼내두어 찬기를 없앤 달걀과 바닐라 익스트랙, 연유를 넣고 설탕이 완전히 녹지 않을 정도까지 손거품기로 가볍게 섞는다.

TIP 연유를 넣으면 맛이 부드럽고 촉촉한 식감의 쿠키를 만들 수 있어요.

4 중력분, 말차 가루, 베이킹 소다를 체 쳐서 넣고 가루가 보이지 않을 때까지 주걱으로 11자를 그리며 가볍게 섞는다.

5 가루가 조금 남았을 때 화이트 커버처 초콜릿, 사전 작업한 건크랜베리를 넣고 골고루 섞일 정도만 가볍게 섞는다.

TIP 이때 너무 오래 섞으면 식감이 텁텁해지므로 가루가 눈으로 보이지 않을 정도까지만 섞어주세요.

6 완성된 반죽은 랩으로 감싸 냉장고에 넣어 30분 휴지한다.

7 휴지한 반죽을 약 50g씩 소분한 후 둥글납작하게 팬닝해준다.

TIP 쿠키가 구워지면서 많이 퍼지므로 넉넉히 간격을 두고 반죽을 놓아주세요.

8 예열한 오븐에 반죽을 넣고 170℃에서 8분간 굽는다. 그대로 한 김 식힌 후 식힘망에 옮겨 완전히 식힌다.

TIP 쿠키의 식감은 갓 구웠을 때보다 숙성 후에 훨씬 더 좋아집니다.

화이트 마카다미아 쿠키

유명 샌드위치 가게의 인기 사이드 메뉴인 화이트 마카다미아 쿠키가 생각나는 맛이에요.
홈베이킹으로 한번 도전해볼 만한 쿠키예요.

굽는 온도
170℃

 굽는 시간
8분

 분량
8~10개

재료

☐ 무염 버터 120g
☐ 머스코바도 70g
☐ 백설탕 80g
☐ 달걀 50g
☐ 연유 8g
☐ 바닐라 익스트랙 3ml

☐ 중력분 155g
☐ 소금 1g
☐ 베이킹 소다 2g
☐ 마카다미아 70g
☐ 화이트 커버처 초콜릿 50g

사전 작업

☐ 모든 재료는 만들기 전 미리 실온에 꺼내두어 찬기가 없는 상태로 사용한다.
☐ 오븐을 170℃로 예열해둔다.

─────────── **만드는 법** ───────────

1 무염 버터를 전자레인지에 넣고 15초씩 짧게 끊어가며 돌려 완전히 녹여준다(30~40℃).

2 머스코바도, 백설탕, 소금을 넣고 버터가 설탕에 흡수될 정도까지 손거품기로 가볍게 섞는다.

3 실온에 꺼내두어 찬기를 없앤 달걀과 바닐라 익스트랙, 연유를 넣고 설탕이 완전히 녹지 않을 정도까지 손거품기로 가볍게 섞는다.

> **TIP** 연유를 넣으면 맛이 부드럽고 촉촉한 식감의 쿠키를 만들 수 있어요.

4 중력분, 베이킹 소다를 체 쳐서 넣고 가루가 보이지 않을 때까지 주걱으로 11자를 그리며 가볍게 섞는다.

5 가루가 조금 남았을 때 마카다미아, 화이트 커버처 초콜릿을 넣고 골고루 섞일 정도만 가볍게 섞는다.

> **TIP** 이때 너무 오래 섞으면 식감이 텁텁해지므로 가루가 눈으로 보이지 않을 정도까지만 섞어주세요.

6 완성된 반죽은 랩으로 감싸 냉장고에 넣어 30분 휴지한다.

7 휴지한 반죽을 약 50g씩 소분한 후 둥글납작하게 팬닝해준다.

> **TIP** 쿠키가 구워지면서 많이 퍼지므로 넉넉히 간격을 두고 반죽을 놓아주세요.

8 예열한 오븐에 반죽을 넣고 170℃에서 8분간 굽는다. 그대로 한 김 식힌 후 식힘망에 옮겨 완전히 식힌다.

> **TIP** 쿠키의 식감은 갓 구웠을 때보다 숙성 후에 훨씬 더 좋아집니다.

얼그레이 쿠키

오븐에 구울 때부터 향긋한 얼그레이 향이 집 안에 폴폴 풍깁니다.
얼그레이 덕후라면 꼭 한번은 만들어 먹어봐야 할 쿠키예요.

굽는 온도
170℃

굽는 시간
8분

분량
8~10개

재료

☐ 무염 버터 120g
☐ 머스코바도 70g
☐ 백설탕 80g
☐ 달걀 50g
☐ 연유 8g
☐ 바닐라 익스트랙 3ml

☐ 중력분 155g
☐ 얼그레이 찻잎 6g
☐ 소금 1g
☐ 베이킹 소다 2g
☐ 밀크 커버처 초콜릿 50g

사전 작업

☐ 모든 재료는 만들기 전 미리 실온에 꺼내두어 찬기가 없는 상태로 사용한다.
☐ 준비한 얼그레이 찻잎이 크다면 곱게 갈아준다.
☐ 오븐을 170℃로 예열해둔다.

--- **만드는 법** ---

1 무염 버터를 전자레인지에 넣고 15초씩 짧게 끊어가며 돌려 완전히 녹여준다(30~40℃).

2 머스코바도, 백설탕, 소금을 넣고 버터가 설탕에 흡수될 정도까지 손거품기로 가볍게 섞는다.

3 실온에 꺼내두어 찬기를 없앤 달걀과 바닐라 익스트랙, 연유를 넣고 설탕이 완전히 녹지 않을 정도까지 손거품기로 가볍게 섞는다.

> **TIP** 연유를 넣으면 맛이 부드럽고 촉촉한 식감의 쿠키를 만들 수 있어요.

4 중력분, 얼그레이 찻잎, 베이킹 소다를 체 쳐서 넣고 가루가 보이지 않을 때까지 주걱으로 11자를 그리며 가볍게 섞는다.

5 가루가 조금 남았을 때 밀크 커버처 초콜릿을 넣고 골고루 섞일 정도만 가볍게 섞는다.

> **TIP** 이때 너무 오래 섞으면 식감이 텁텁해지므로 가루가 눈으로 보이지 않을 정도까지만 섞어주세요.

6 완성된 반죽은 랩으로 감싸 냉장고에 넣어 30분 휴지한다.

7 휴지한 반죽을 약 50g씩 소분한 후 둥글납작하게 팬닝해준다.

> **TIP** 쿠키가 구워지면서 많이 퍼지므로 넉넉히 간격을 두고 반죽을 놓아주세요.

8 예열한 오븐에 반죽을 넣고 170℃에서 8분간 굽는다. 그대로 한 김 식힌 후 식힘망에 옮겨 완전히 식힌다.

> **TIP** 쿠키의 식감은 갓 구웠을 때보다 숙성 후에 훨씬 더 좋아집니다.

굽는 온도
170℃

 **굽는 시간**
8분

 분량
8~10개

재료

□ 무염 버터 120g
□ 백설탕 80g
□ 황설탕 70g
□ 달걀 50g
□ 바닐라 익스트랙 3ml
□ 중력분 155g

□ 옥수수 전분 10g
□ 소금 1g
□ 레몬 1개 분량의 제스트
□ 레몬즙 15ml
□ 베이킹 소다 2g
□ 토핑용 백설탕 50g

사전 작업

□ 모든 재료는 만들기 전 미리 실온에 꺼내두어 찬기가 없는 상태로 사용한다.
□ 레몬을 굵은 소금으로 빡빡 문지른 후 뜨거운 물에 1분 정도 굴리고 찬물로 헹궈 깨끗이 씻어준다. 치즈 그레이터로 껍질의 노란 부분만 갉아 제스트를 만들고 레몬을 반으로 갈라 즙을 짜준다.
□ 오븐을 170℃로 예열해둔다.

─────────────── **만드는 법** ───────────────

1 무염 버터를 전자레인지에 넣고 15초씩 짧게 끓어가며 돌려 완전히 녹여준다(30~40℃).

2 황설탕, 백설탕, 소금을 넣고 버터가 설탕에 흡수될 정도까지 손거품기로 가볍게 섞는다.

3 실온의 차갑지 않은 달걀, 바닐라 익스트랙, 레몬 제스트, 레몬즙을 넣고 설탕이 완전히 녹지 않을 정도까지 손거품기로 가볍게 섞는다.

4 중력분, 베이킹 소다, 옥수수전분을 체 쳐서 넣고 가루가 보이지 않을 때까지 주걱으로 11자를 그리며 가볍게 섞는다.

TIP 이때 너무 오래 섞으면 식감이 텁텁해지므로 가루가 눈으로 보이지 않을 정도까지만 섞어주세요.

5 완성된 반죽은 랩으로 감싸 냉장고에 넣어 30분 휴지한다.

6 휴지한 반죽을 약 50g씩 소분한 후 반죽을 백설탕에 전체적으로 굴리고 둥글납작하게 팬닝한다.

TIP 쿠키가 구워지면서 많이 퍼지므로 넉넉히 간격을 두고 반죽을 놓아주세요.

7 예열한 오븐에 반죽을 넣고 170℃에서 8분간 굽는다. 그대로 한 김 식힌 후 식힘망에 옮겨 완전히 식힌다.

TIP 쿠키의 식감은 갓 구웠을 때보다 숙성 후에 훨씬 더 좋아집니다.

피넛버터 쿠키

유명 땅콩과자가 떠오르는 맛이에요.
한 입 베어 물면 입 안 가득 고소한 땅콩 향이 폭발해요.

피스타치오 쿠키

반죽 속에는 피스타치오 페이스트, 반죽 겉에는 피스타치오 분말과 분태를 듬뿍 올려
입 안 가득 진한 피스타치오 맛을 느낄 수 있는 쿠키예요.

굽는 온도
170℃

 **굽는 시간**
8분

 분량
8~10개

재료

□ 무염 버터 120g,
□ 황설탕 80g
□ 백설탕 70g
□ 달걀 50g
□ 연유 8g
□ 바닐라 익스트랙 3ml

□ 중력분 155g
□ 피스타치오 페이스트 35g
□ 소금 1g
□ 베이킹 소다 2g
□ 토핑용 피스타치오 분태 50g
□ 토핑용 피스타치오 분말 50g

사전 작업

□ 모든 재료는 만들기 전 미리 실온에 꺼내두어 찬기가 없는 상태로 사용한다.
□ 오븐을 170℃로 예열해둔다.

--- **만드는 법** ---

1 무염 버터를 전자레인지에 넣고 15초씩 짧게 끓어가며 돌려 완전히 녹여준다(30~40℃).

2 황설탕, 백설탕, 소금을 넣고 버터가 설탕에 흡수될 정도까지 손거품기로 가볍게 섞는다.

3 실온에 꺼내두어 찬기를 없앤 달걀과 바닐라 익스트랙, 연유, 피스타치오 페이스트를 넣고 설탕이 완전히 녹지 않을 정도까지 손거품기로 가볍게 섞는다.

> **TIP** 연유를 넣으면 맛이 부드럽고 촉촉한 식감의 쿠키를 만들 수 있어요.

4 중력분, 베이킹 소다를 체 쳐서 넣고 가루가 보이지 않을 때까지 주걱으로 11자를 그리며 가볍게 섞는다.

> **TIP** 이때 너무 오래 섞으면 식감이 텁텁해지므로 가루가 눈으로 보이지 않을 정도까지만 섞어주세요.

5 완성된 반죽은 랩으로 감싸 냉장고에 넣어 30분 휴지한다.

6 휴지한 반죽을 약 50g씩 소분한 후 반죽 윗면을 피스타치오 분말에 굴리고 둥글납작하게 팬닝한 뒤 피스타치오 분태를 듬뿍 올려준다.

> **TIP** 쿠키가 구워지면서 많이 퍼지므로 넉넉히 간격을 두고 반죽을 놓아주세요.

7 예열한 오븐에 반죽을 넣고 170℃에서 8분간 굽는다. 그대로 한 김 식힌 후 식힘망에 옮겨 완전히 식힌다.

> **TIP** 쿠키의 식감은 갓 구웠을 때보다 숙성 후에 훨씬 더 좋아집니다.

메이플 피칸 쿠키

메이플 시럽의 독특한 향과 피칸 특유의 고소함으로
달지 않고 고급스러운 맛이 매력적이에요.

굽는 온도
170℃

 굽는 시간
8분

 분량
8~10개

재료

☐ 무염 버터 120g
☐ 황설탕 80g
☐ 백설탕 70g
☐ 달걀 50g
☐ 메이플 시럽 25ml

☐ 바닐라 익스트랙 3ml
☐ 중력분 155g
☐ 소금 1g
☐ 베이킹 소다 2g
☐ 토핑용 피칸 분태 50g

사전 작업

☐ 모든 재료는 만들기 전 미리 실온에 꺼내두어 찬기가 없는 상태로 사용한다.
☐ 오븐을 170℃로 예열해둔다.

--- 만드는 법 ---

1 무염 버터를 전자레인지에 넣고 15초씩 짧게
끊어가며 돌려 완전히 녹여준다(30~40℃).

2 황설탕, 백설탕, 소금을 넣고 버터가 설탕에
흡수될 정도까지 손거품기로 가볍게 섞는다.

3 실온에 꺼내두어 찬기를 없앤 달걀과 바닐라 익스트랙, 메이플 시럽을 넣고 설탕이 완전히 녹지 않을 정도까지 손거품기로 가볍게 섞는다.

4 중력분, 베이킹 소다를 체 쳐서 넣고 가루가 보이지 않을 때까지 주걱으로 11자를 그리며 가볍게 섞는다.

> **TIP** 이때 너무 오래 섞으면 식감이 텁텁해지므로 가루가 눈으로 보이지 않을 정도까지만 섞어주세요.

5 완성된 반죽은 랩으로 감싸 냉장고에 넣어 30분 휴지한다.

6 휴지한 반죽을 약 50g씩 소분한 후 반죽 윗면만 피칸 분태에 굴리고 둥글납작하게 팬닝해준다.

> **TIP** 쿠키가 구워지면서 많이 퍼지므로 넉넉히 간격을 두고 반죽을 놓아주세요.

7 예열한 오븐에 반죽을 넣고 170℃에서 8분간 굽는다. 그대로 한 김 식힌 후 식힘망에 옮겨 완전히 식힌다.

> **TIP** 쿠키의 식감은 갓 구웠을 때보다 숙성 후에 훨씬 더 좋아집니다.

트리플 초코칩 쿠키

다크, 밀크, 화이트 3가지 초콜릿이 골고루 들어가서 진한 초콜릿 맛을 즐길 수 있어요.
여기에 은은한 시나몬 향이 더해져 자꾸 생각나는 쿠키입니다.

굽는 온도
170℃

 **굽는 시간**
8분

 분량
8~10개

재료

☐ 무염 버터 120g
☐ 머스코바도 80g
☐ 백설탕 70g
☐ 달걀 50g
☐ 연유 8g
☐ 바닐라 익스트랙 3ml
☐ 중력분 155g

☐ 소금 1g
☐ 베이킹 소다 2g
☐ 시나몬 파우더 1/2티스푼
☐ 다크 커버처 초콜릿 30g
☐ 밀크 커버처 초콜릿 30g
☐ 화이트 커버처 초콜릿 30g

사전 작업

☐ 모든 재료는 만들기 전 미리 실온에 꺼내두어 찬기가 없는 상태로 사용한다.
☐ 오븐을 170℃로 예열해둔다.

만드는 법

1 무염 버터를 전자레인지에 넣고 15초씩 짧게
끊어가며 돌려 완전히 녹여준다(30~40℃).

2 머스코바도, 백설탕, 소금을 넣고 버터가 설
탕에 흡수될 정도까지 손거품기로 가볍게 섞
는다.

3 실온에 꺼내두어 찬기를 없앤 달걀과 바닐라 익스트랙, 연유를 넣고 설탕이 완전히 녹지 않을 정도까지 손거품기로 가볍게 섞는다.
TIP 연유를 넣으면 맛이 부드럽고 촉촉한 식감의 쿠키를 만들 수 있어요.

4 중력분, 시나몬 파우더, 베이킹 소다를 체 쳐서 넣고 가루가 보이지 않을 때까지 주걱으로 11자를 그리며 가볍게 섞는다.

5 가루가 조금 남았을 때 다크 커버처 초콜릿, 밀크 커버처 초콜릿, 화이트 커버처 초콜릿을 넣고 골고루 섞일 정도만 가볍게 섞는다.
TIP 이때 너무 오래 섞으면 식감이 텁텁해지므로 가루가 눈으로 보이지 않을 정도까지만 섞어주세요.

6 완성된 반죽은 랩으로 감싸 냉장고에 넣어 30분 휴지한다.

7 휴지한 반죽을 약 50g씩 소분한 후 둥글납작하게 팬닝해준다.
TIP 쿠키가 구워지면서 많이 퍼지므로 넉넉히 간격을 두고 반죽을 놓아주세요.

8 예열한 오븐에 반죽을 넣고 170℃에서 8분간 굽는다. 그대로 한 김 식힌 후 식힘망에 옮겨 완전히 식힌다.
TIP 쿠키의 식감은 갓 구웠을 때보다 숙성 후에 훨씬 더 좋아집니다.

시나몬 슈가 쿠키

놀이동산에 가면 한번은 꼭 사먹는 간식 '츄러스'가 생각나는 맛이에요.
적당한 시나몬 향으로 호불호 없이 누구나 편하게 즐길 수 있어요.

굽는 온도
170℃

 굽는 시간
8분

 분량
8~10개

재료

□ 무염 버터 120g
□ 머스코바도 80g
□ 백설탕 70g
□ 달걀 50g
□ 연유 8g
□ 바닐라 익스트랙 3ml

□ 중력분 155g
□ 소금 1g
□ 베이킹 소다 2g
□ 시나몬 파우더 1g
□ 토핑용 시나몬 슈가(백설탕 50g+시나몬 파우더 4g)

사전 작업

□ 모든 재료는 만들기 전 미리 실온에 꺼내두어 찬기가 없는 상태로 사용한다.
□ 백설탕과 시나몬 파우더를 골고루 섞어 토핑용 시나몬 슈가를 만든다.
□ 오븐을 170℃로 예열해둔다.

만드는 법

1 무염 버터를 전자레인지에 넣고 15초씩 짧게 끊어가며 돌려 완전히 녹여준다(30~40℃).

2 머스코바도, 백설탕, 소금을 넣고 버터가 설탕에 흡수될 정도까지 손거품기로 가볍게 섞는다.

3 실온에 꺼내두어 찬기를 없앤 달걀과 바닐라 익스트랙, 연유를 넣고 설탕이 완전히 녹지 않을 정도까지 손거품기로 가볍게 섞는다.

> **TIP** 연유를 넣으면 맛이 부드럽고 촉촉한 식감의 쿠키를 만들 수 있어요.

4 중력분, 시나몬 파우더, 베이킹 소다를 체 쳐서 넣고 가루가 보이지 않을 때까지 주걱으로 11자를 그리며 가볍게 섞는다.

> **TIP** 이때 너무 오래 섞으면 식감이 텁텁해지므로 가루가 눈으로 보이지 않을 정도까지만 섞어주세요.

5 완성된 반죽은 랩으로 감싸 냉장고에 넣어 30분 휴지한다.

6 휴지한 반죽을 약 50g씩 소분한 후 반죽을 시나몬 슈가에 전체적으로 굴리고 둥글납작하게 팬닝한다.

> **TIP** 쿠키가 구워지면서 많이 퍼지므로 넉넉히 간격을 두고 반죽을 놓아주세요.

7 예열한 오븐에 반죽을 넣고 170℃에서 8분간 굽는다. 그대로 한 김 식힌 후 식힘망에 옮겨 완전히 식힌다.

> **TIP** 쿠키의 식감은 갓 구웠을 때보다 숙성 후에 훨씬 더 좋아집니다.

에스프레소 쿠키

갓 구워진 쿠키에서 은은하게 퍼지는 커피 향이 좋고
풍미가 깊어 시간이 지날수록 매력적인 쿠키예요.

굽는 온도
170℃

 굽는 시간
8분

 분량
8~10개

재료

□ 무염 버터 120g
□ 머스코바도 80g
□ 백설탕 70g
□ 달걀 50g
□ 연유 8g
□ 바닐라 익스트랙 3ml
□ 중력분 155g

□ 옥수수 전분 10g
□ 소금 1g
□ 베이킹 소다 2g
□ 인스턴트커피 가루 7g
□ 따뜻한 물 8ml
□ 토핑용 비정제 황설탕 50g

사전 작업

□ 모든 재료는 만들기 전 미리 실온에 꺼내두어 찬기가 없는 상태로 사용한다.
□ 따뜻한 물에 인스턴트커피 가루를 넣고 완전히 녹여 커피 액기스를 만든다.
□ 오븐을 170℃로 예열해둔다.

만드는 법

1 무염 버터를 전자레인지에 넣고 15초씩 짧게 끓어가며 돌려 완전히 녹여준다(30~40℃).

2 머스코바도, 백설탕, 소금을 넣고 버터가 설탕에 흡수될 정도까지 손거품기로 가볍게 섞는다.

3 실온에 꺼내두어 찬기를 없앤 달걀과 바닐라 익스트랙, 연유, 커피 액기스를 넣고 설탕이 완전히 녹지 않을 정도까지 손거품기로 가볍게 섞는다.

> **TIP** 연유를 넣으면 맛이 부드럽고 촉촉한 식감의 쿠키를 만들 수 있어요.

4 중력분, 베이킹 소다를 체 쳐서 넣고 가루가 보이지 않을 때까지 주걱으로 11자를 그리며 가볍게 섞는다.

> **TIP** 이때 너무 오래 섞으면 식감이 텁텁해지므로 가루가 눈으로 보이지 않을 정도까지만 섞어주세요.

5 완성된 반죽은 랩으로 감싸 냉장고에 넣어 30분 휴지한다.

6 휴지한 반죽을 약 50g씩 소분한 후 반죽 윗면만 비정제 황설탕에 굴리고 둥글납작하게 팬닝해준다.

> **TIP** 쿠키가 구워지면서 많이 퍼지므로 넉넉히 간격을 두고 반죽을 놓아주세요.

7 예열한 오븐에 반죽을 넣고 170℃에서 8분간 굽는다. 그대로 한 김 식힌 후 식힘망에 옮겨 완전히 식힌다.

> **TIP** 쿠키의 식감은 갓 구웠을 때보다 숙성 후에 훨씬 더 좋아집니다.

PART 2

Joy n Baking

조이앤베이킹 아메리칸 쿠키

딸기 오레오 쿠키

동결 건조 딸기 가루를 첨가하여
새콤한 딸기 맛과 달콤한 오레오 맛이 어우러지는 쿠키예요.

굽는 온도
160℃

 **굽는 시간**
20분

 분량
8개

재료

☐ 무염 버터 100g
☐ 백설탕 90g
☐ 소금 1g
☐ 달걀 55g
☐ 박력분 90g

☐ 강력분 65g
☐ 건조 딸기 가루 25g
☐ 베이킹파우더 3g
☐ 딸기맛 오레오 과자 100g
☐ 토핑용 오레오 과자 약간

사전 작업

☐ 모든 재료는 실온 상태로 준비해둔다.
☐ 오레오는 손으로 잘게 부숴서 준비한다.
☐ 딸기 가루가 없다면 박력분으로 대체한다.

만드는 법

1 무염 버터를 볼에 넣고 핸드믹서로 부드럽게 풀어준다.

2 백설탕과 소금을 넣고 중속으로 골고루 휘핑한다.

3 반죽을 하나로 모아준 후 달걀을 넣는다.

4 반죽이 어우러질 정도까지만 중속으로 휘핑
한다.

5 모든 가루 재료를 체 쳐 넣고 주걱으로 섞는다.

6 가루가 80% 섞이면 오레오 과자를 넣는다.

7 날가루가 보이지 않을 때까지 주걱으로 섞는
다.

8 반죽을 랩으로 감싼 후 냉장고에서 1시간 이
상 휴지한다.

9 반죽을 8개로 소분한 후 동그랗게 만들어서 토핑용 오레오를 얹는다.

TIP 반죽 휴지가 끝나면 오븐을 180℃로 15분 이상 예열하세요.

10 예열한 오븐에 넣어 160℃에서 20분간 굽는다.

TIP 반죽이 차갑고 단단할수록 쿠키가 도톰하게 구워집니다.

11 식힘망에 올려 완전히 식힌다.

둘세 프레즐 쿠키

캐러멜과 연유 맛이 나는 둘세 커버처 초콜릿과 담백하고 짭짜름한 프레즐이
쉴 새 없이 씹히는 다채로운 식감의 쿠키예요.

굽는 온도
180℃

 **굽는 시간**
16분

 분량
8개

재료

☐ 무염 버터 100g

☐ 백설탕 40g

☐ 흑설탕 70g

☐ 소금 1g

☐ 달걀 55g

☐ 중력분 160g

☐ 베이킹 소다 1g

☐ 베이킹파우더 2g

☐ 발로나 둘세 커버처 65g

☐ 반죽용 프레즐 과자 40g

☐ 토핑용 프레즐 과자 24개

사전 작업

☐ 모든 재료는 실온 상태로 준비한다.

☐ 반죽용 프레즐 과자는 1cm 크기로, 둘세 초콜릿은 6등분 크기로 다져서 준비한다.

☐ 둘세 커버처가 없다면 화이트 커버처로 대체한다.

─── **만드는 법** ───

1 무염 버터를 볼에 넣고 핸드믹서로 부드럽게 풀어준다.

2 백설탕, 흑설탕, 소금을 넣고 중속으로 골고루 휘핑한다.

3 반죽을 하나로 모아준 후 달걀을 넣는다.

4 반죽이 어우러질 정도까지만 중속으로 휘핑한다.

5 모든 가루 재료를 체 쳐 넣고 주걱으로 섞는다.

6 가루가 80% 섞이면 다진 프레즐 과자, 커버처 초콜릿을 넣는다.

7 날가루가 보이지 않을 때까지 주걱으로 섞는다.

8 반죽을 랩으로 감싼 후 냉장고에서 1시간 이상 휴지한다.

9 반죽을 8개로 소분한 후 손으로 동그랗게 만들어서 프레즐 과자를 3개씩 얹는다.

> **TIP** 반죽 휴지가 끝나면 오븐을 200℃로 15분 이상 예열하세요.

10 예열한 오븐에 넣어 180℃에서 16분간 굽는다.

> **TIP** 반죽이 차갑고 단단할수록 쿠키가 도톰하게 구워집니다.

11 식힘망에 올려 완전히 식힌다.

캐러멜 피넛 쿠키

피넛 버터 필링이 극강의 고소함을 더해주고
쫀득한 캐러멜 조각이 단짠의 세계로 초대합니다.

굽는 온도
180℃

 **굽는 시간**
16분

 분량
8개

재료
- ☐ 무염 버터 100g
- ☐ 백설탕 110g
- ☐ 소금 2g
- ☐ 달걀 55g
- ☐ 중력분 172g
- ☐ 베이킹파우더 3g

- ☐ 캐러멜 12개
- ☐ 토핑용 땅콩 분태 약간

필링 재료
- ☐ 피넛버터 160g
- ☐ 슈가 파우더 15g

사전 작업
- ☐ 모든 재료는 실온 상태로 준비한다.
- ☐ 캐러멜은 1/2조각으로 잘라서 준비한다.

만드는 법

1 무염 버터를 볼에 넣고 핸드믹서로 부드럽게 풀어준다.

2 백설탕과 소금을 넣고 중속으로 골고루 휘핑한다.

3 반죽을 하나로 모아준 후 달걀을 넣는다.

4 반죽이 어우러질 정도까지만 중속으로 휘핑한다.

5 모든 가루 재료를 체 쳐 넣는다.

6 날가루가 보이지 않을 때까지 주걱으로 섞는다.

7 반죽을 랩으로 감싼 후 냉장고에서 1시간 이상 휴지한다.

8 다른 볼에 피넛버터와 슈가 파우더를 체 쳐 넣고 주걱으로 골고루 섞는다.

9 과정 8을 짤주머니에 담아 20g씩 소분한다.

10 사용 전까지 냉동실에 보관한다.

11 반죽 휴지가 끝나면 8개로 소분해서 넓게 펼친 후 얼린 피넛버터 필링을 올린다.

TIP 반죽 휴지가 끝나면 오븐을 200℃로 15분 이상 예열하세요.

12 피넛버터 필링이 보이지 않게 반죽을 동그랗게 뭉친 후 땅콩 분태를 토핑한다.

TIP 반죽 위에 물을 얇게 바르면 땅콩 분태가 잘 밀착됩니다.

13 예열한 오븐에 넣어 180℃에서 10분간 구운후, 오븐에서 꺼내 캐러멜 3조각을 올리고 180℃에서 6분간 더 굽는다.

TIP 토핑 작업은 신속하게 해야 반죽이 골고루 익습니다.

14 식힘망에 올려 완전히 식힌다.

카야 코코넛 쿠키

향긋한 코코넛 향과 달콤한 카야잼을 더한 쿠키로 티푸드로 잘 어울려요.

굽는 온도
180℃

  굽는 시간
15분

 분량
8개

재료

☐ 무염 버터 100g

☐ 백설탕 40g

☐ 흑설탕 80g

☐ 소금 1g

☐ 달걀 55g

☐ 중력분 170g

☐ 반죽용 코코넛롱 22g

☐ 베이킹 소다 1g

☐ 베이킹파우더 2g

☐ 토핑용 코코넛롱 약간

필링 재료

☐ 카야잼 120g

사전 작업

☐ 모든 재료는 실온 상태로 준비한다.

☐ 카야잼은 짤주머니에 담아서 준비한다.

만드는 법

1 무염 버터를 볼에 넣고 핸드믹서로 부드럽게 풀어준다.

2 백설탕, 흑설탕, 소금을 넣고 중속으로 골고루 휘핑한다.

3 반죽을 하나로 모아준 후 달걀을 넣는다.

4 반죽이 어우러질 정도까지만 중속으로 휘핑한다.

5 모든 가루 재료를 체 쳐 넣는다.

6 가루가 80% 섞이면 반죽용 코코넛롱을 넣는다.

7 날가루가 보이지 않을 때까지 주걱으로 섞는다.

8 반죽을 랩으로 감싼 후 냉장고에서 1시간 이상 휴지한다.

9 반죽 휴지가 끝나면 8개로 분할하여 동그랗게 뭉친 후 코코넛롱을 얹는다.

> **TIP** 반죽 휴지가 끝나면 오븐을 200℃로 15분 이상 예열하세요.

10 예열한 오븐에 넣어 180℃에서 10분간 구운 후 카야잼을 15g씩 얹는다.

> **TIP** 수저로 쿠키 윗면을 눌러 공간을 만들면 편리합니다. 토핑 작업은 신속하게 해야 반죽이 골고루 익습니다.

11 다시 오븐에 넣어 180℃에서 5분간 더 구운 후 식힘망에 올려 완전히 식힌다.

말차 마카다미아 쿠키

고소한 마카다미아와 향긋한 말차 향이 어우러지는 쿠키예요.

굽는 온도 180℃	굽는 시간 16분	분량 8개

재료

- ☐ 무염 버터 100g
- ☐ 백설탕 40g
- ☐ 흑설탕 80g
- ☐ 소금 1g
- ☐ 달걀 55g
- ☐ 중력분 170g

- ☐ 말차 가루 15g
- ☐ 베이킹 소다 1g
- ☐ 베이킹파우더 2g
- ☐ 화이트 커버처 초콜릿 40g
- ☐ 반죽용 마카다미아 70g
- ☐ 토핑용 마카다미아 24개

사전 작업

- ☐ 모든 재료는 실온 상태로 준비한다.
- ☐ 마카다미아는 전처리 후 사용한다.
- ☐ 반죽용 마카다미아는 반으로 잘라 준비한다.

만드는 법

1 무염 버터를 볼에 넣고 핸드믹서로 부드럽게 풀어준다.

2 백설탕, 흑설탕, 소금을 넣고 중속으로 골고루 휘핑한다.

3 반죽을 하나로 모아준 후 달걀을 넣는다.

4 반죽이 어우러질 정도까지만 중속으로 휘핑한다.

5 모든 가루 재료를 체 쳐 넣고 주걱으로 섞는다.

6 가루가 80% 섞이면 반죽용 마카다미아와 화이트 커버처 초콜릿을 넣는다.

7 날가루가 보이지 않을 때까지 주걱으로 섞는다.

8 반죽을 랩으로 감싼 후 냉장고에서 1시간 이상 휴지한다.

9 반죽을 8개로 소분한 후 손으로 동그랗게 만
들어서 토핑용 마카다미아를 얹는다.

TIP 반죽 휴지가 끝나면 오븐을 200℃로 15분 이상 예
열하세요.

10 예열한 오븐에 넣어 180℃에서 16분간 굽는다.

TIP 반죽이 차갑고 단단할수록 쿠키가 도톰하게 구워집
니다.

11 식힘망에 올려 완전히 식힌다.

더블 황치즈 쿠키

반죽과 필링 모두 황치즈를 더했습니다.
황치즈 러버를 위한 촉촉하고 꾸덕꾸덕한 쿠키예요.

굽는 온도
180℃

 굽는 시간
16분

 분량
8개

재료

□ 무염 버터 100g
□ 백설탕 100g
□ 소금 1g
□ 달걀 55g
□ 박력분 100g
□ 강력분 60g
□ 황치즈 가루 30g

□ 베이킹파우더 3g
□ 구운 호두 40g

필링 재료

□ 크림치즈 220g
□ 슈가 파우더 20g
□ 황치즈 가루 20g

사전 작업

□ 모든 재료는 실온 상태로 준비한다.
□ 호두는 전처리 후 다져서 준비한다.
□ 콤포스 쿠키, 뽀또, 프레즐 과자, M&M 초콜릿 등으로 토핑해도 좋다.

만드는 법

1 무염 버터를 볼에 넣고 버터 모양이 풀어질 때까지 중속으로 휘핑한다.

2 백설탕과 소금을 넣고 중속으로 골고루 휘핑한다.

3 반죽을 하나로 모아준 후 달걀을 넣는다.

4 반죽이 어우러질 정도까지만 중속으로 휘핑한다.

5 모든 가루 재료를 체 쳐 넣고 주걱으로 섞는다.

6 가루가 80% 섞이면 다진 호두를 넣고 골고루 섞는다.

7 반죽을 랩으로 감싼 후 냉장고에서 1시간 이상 휴지한다.

8 다른 볼에 크림치즈를 넣고 중속으로 부드럽게 풀어준다.

9 황치즈 가루와 슈가 파우더를 체 쳐 넣고 저속으로 골고루 섞는다.

10 아이스크림 스쿱으로 떠서 30g 전후로 소분한다.

11 사용 전까지 냉동실에 보관한다.

12 반죽 휴지가 끝나면 8개로 소분해서 넓게 펼친 후 얼린 황치즈 필링을 올린다.
TIP 반죽 휴지가 끝나면 오븐을 200℃로 15분 이상 예열하세요.

13 필링이 절반 정도 보일 때까지 손으로 반죽을 오므려준다.

14 예열한 오븐에 넣어 180℃에서 16분간 굽는다. 오븐에서 꺼내자마자 과자, 초콜릿 등을 토핑한 후 식힘망에 올려 완전히 식힌다.
TIP 뜨거울 때 과자를 토핑해야 잘 고정됩니다.

초코 크림치즈 쿠키

달콤하고 쌉쌀한 초코 쿠키에 상큼한 크림치즈를 더한 쿠키에요.

| 굽는 온도
180℃ | 굽는 시간
16분 | 분량
8개 |

재료

- □ 무염 버터 100g
- □ 백설탕 40g
- □ 흑설탕 80g
- □ 소금 1g
- □ 달걀 55g
- □ 박력분 115g
- □ 강력분 65g
- □ 코코아 파우더 20g

- □ 베이킹 소다 1g
- □ 베이킹파우더 2g
- □ 구운 호두 50g

필링 재료

- □ 크림치즈 230g
- □ 슈가 파우더 20g

사전 작업

- □ 모든 재료는 실온 상태로 준비한다.
- □ 호두는 전처리 후 다져서 준비한다.

만드는 법

1 무염 버터를 볼에 넣고 버터 모양이 풀어질 때까지 중속으로 휘핑한다.

2 백설탕, 흑설탕, 소금을 넣고 중속으로 골고루 휘핑한다.

3 반죽을 하나로 모아준 후 달걀을 넣는다.

4 반죽이 어우러질 정도까지만 중속으로 휘핑한다.

5 모든 가루 재료를 체 쳐 넣고 주걱으로 섞는다.

6 가루가 80% 섞이면 다진 호두를 넣고 골고루 섞는다.

7 반죽을 랩으로 감싼 후 냉장고에서 1시간 이상 휴지한다.

8 다른 볼에 크림치즈를 넣고 중속으로 부드럽게 풀어준다.

9 슈가 파우더를 체 쳐 넣고 주걱으로 골고루 섞는다.

10 아이스크림 스쿱으로 떠서 30g 전후로 분할한다.

11 사용 전까지 냉동실에 보관한다.

12 반죽 휴지가 끝나면 8개로 소분한 후 넓게 펼쳐서 얼린 크림치즈 필링을 올린다.

TIP 반죽 휴지가 끝나면 오븐을 200℃로 15분 이상 예열하세요.

13 필링이 절반 정도 보일 때까지 손으로 반죽을 오므려준다.

14 예열한 오븐에 넣어 180℃에서 16분간 구운 후 식힘망에 올려 완전히 식힌다.

TIP 반죽이 차갑고 단단할수록 쿠키가 도톰하게 구워집니다.

애플 시나몬 쿠키

시나몬 향이 솔솔 풍기는 바삭한 쿠키에 쫀득한 사과 콩포트를 얹어 구워 바삭하고 쫀득해요.

굽는 온도
180℃

 **굽는 시간**
14분

 분량
8개

재료	☐ 무염 버터 100g	☐ 시나몬 파우더 5g
	☐ 황설탕 80g	
	☐ 소금 1g	**사과 콩포트 재료**
	☐ 달걀 55g	☐ 깍둑썰기한 사과 300g
	☐ 중력분 172g	☐ 백설탕 100g
	☐ 베이킹 소다 1g	☐ 레몬즙 8g
	☐ 베이킹파우더 2g	☐ 토핑용 시나몬 파우더 약간

사전 작업
☐ 모든 재료는 실온 상태로 준비한다.
☐ 사과는 껍질과 씨를 제거하고 1cm 크기로 깍둑썰기해 준비한다.

─── **만드는 법** ───

1 무염 버터를 볼에 넣고 중속으로 버터 모양이 풀어질 때까지 휘핑한다.

2 황설탕과 소금을 넣고 중속으로 골고루 휘핑한다.

3 반죽을 하나로 모아준 후 달걀을 넣는다.

4 반죽이 어우러질 정도까지만 중속으로 휘핑한다.

5 모든 가루 재료를 체 쳐 넣는다.

6 날가루가 보이지 않을 때까지 주걱으로 섞는다.

7 반죽을 랩으로 감싼 후 냉장고에서 1시간 이상 휴지한다.

8 냄비에 사과 콩포트 재료를 전부 넣는다.

9 수분이 날아가고 캐러멜 색깔로 변할 때까지 중약불로 졸인다.

10 접시에 옮겨 한 김 식힌다.

11 반죽 휴지가 끝나면 8개로 소분한 후 지름 7cm로 넓적하게 만든다.

TIP 반죽 휴지가 끝나면 오븐을 200℃로 15분 이상 예열하세요.

12 예열한 오븐에 넣어 180℃에서 12분간 구운 후 사과 콩포트를 나누어 얹는다.

TIP 사과 콩포트가 굳었다면 전자레인지에 데워주세요.

13 다시 오븐에 넣어 180℃에서 2분간 더 구운 후 식힘망에 올려 완전히 식힌다.

TIP 취향에 따라 시나몬 파우더를 뿌려도 좋습니다.

쑥 인절미 크럼블 쿠키

우리나라 전통 식재료인 쑥가루와 콩가루를 활용해 만든 쿠키예요.

굽는 온도
180℃

 굽는 시간
15분

 분량
8개

재료

□ 무염 버터 110g
□ 백설탕 110g
□ 소금 1g
□ 달걀 55g
□ 중력분 170g
□ 쑥가루 16g
□ 베이킹 소다 1g
□ 베이킹파우더 2g

크럼블 재료

□ 박력분 40g
□ 콩가루 20g
□ 백설탕 30g
□ 소금 0.5g
□ 무염 버터 30g
□ 아몬드 슬라이스 15g

사전 작업

□ 모든 재료는 실온 상태로 준비한다.

만드는 법

1 무염 버터를 볼에 넣고 핸드믹서로 부드럽게 풀어준다.

2 백설탕과 소금을 넣고 중속으로 골고루 휘핑한다.

3 반죽을 하나로 모아준 후 달걀을 넣는다.

4 반죽이 어우러질 정도까지만 중속으로 휘핑한다.

5 모든 가루 재료를 체 쳐 넣는다.

6 날가루가 보이지 않을 때까지 주걱으로 섞는다.

7 반죽을 랩으로 감싼 후 냉장고에서 1시간 이상 휴지한다.

8 다른 볼에 무염 버터를 넣고 핸드믹서로 부드럽게 풀어준다.

9 설탕과 소금을 넣고 골고루 섞는다.

10 박력분과 콩가루를 체 쳐 넣고 쌀알 크기가 될 때까지 주걱으로 가르듯이 섞는다.

11 반죽을 주먹으로 쥐었다 풀어주면서 소보로 크기로 만든다.

12 아몬드 슬라이스를 넣어 가볍게 섞은 후 사용 전까지 냉장 보관한다.

13 반죽을 8개로 소분한 후 손으로 동그랗게 만들어서 크럼블을 토핑한다.

TIP 반죽 윗면에 물을 묻히면 크럼블이 잘 고정됩니다. 반죽 안에 찹쌀떡을 넣어도 맛있습니다.

14 예열한 오븐에 넣어 180℃에서 15분간 구운 후 식힘망에 올려 완전히 식힌다.

TIP 반죽이 차갑고 단단할수록 쿠키가 도톰하게 구워집니다.

아몬드 플로랑탱 쿠키

쫀득하고 고소한 아몬드 누가와 촉촉한 사브레 쿠키가 조화로운 쿠키예요.

굽는 온도
180℃

 **굽는 시간**
23분

 분량
8개

재료

☐ 무염 버터 70g

☐ 백설탕 35g

☐ 소금 0.5g

☐ 달걀 40g

☐ 중력분 110g

☐ 아몬드 파우더 35g

아몬드 누가 재료

☐ 무염 버터 30g

☐ 생크림 45g

☐ 꿀 또는 물엿 35g

☐ 백설탕 42g

☐ 슬라이스 아몬드 76g

☐ 통아몬드(선택) 한 줌

사전 작업

☐ 모든 재료는 실온 상태로 준비한다.

☐ 실리콘 틀이 없는 경우 머핀틀로 굽는다.

☐ 통아몬드는 오븐에 구워 반으로 잘라 준비한다(선택).

☐ 아몬드 누가에 건과일, 코코넛롱 등을 더해도 맛있다.

──── **만드는 법** ────

1 무염 버터를 볼에 넣고 중속으로 버터 모양이 풀어질 때까지 휘핑한다.

2 백설탕과 소금을 넣고 중속으로 골고루 휘핑한다.

3 반죽을 하나로 모아준 후 달걀을 넣는다.

4 반죽이 어우러질 정도까지만 중속으로 휘핑한다.

5 중력분과 아몬드 파우더를 체 쳐 넣는다.

6 날가루가 보이지 않을 때까지 주걱으로 섞는다.

7 반죽을 랩으로 감싼 후 냉장고에서 1시간 이상 휴지한다.

8 냄비에 아몬드를 제외한 모든 아몬드 누가 재료를 넣고 중불로 데운다.

9 재료가 끓으면 아몬드 슬라이스와 통아몬드
를 넣는다.

10 약불로 30초 간 버무린 후 냄비째로 한 김 식
힌다.

TIP 한 번 더 구울 것이므로 색이 진해지지 않게 주의하
세요.

11 반죽 휴지가 끝나면 8개로 소분해 틀 바닥에
깔아준 후 170℃에서 13분간 굽는다.

TIP 반죽 휴지가 끝나면 오븐을 190℃로 15분 이상 예
열하세요. 밀대 끝부분이나 수저로 누르면 편리합니다.
포크로 자국을 내면 부푸는 걸 막아줍니다.

12 아몬드 누가를 8개로 소분해서 얹은 후 다시
170℃에서 10분간 굽는다.

TIP 누가가 단단해지면 다시 약불에 데워서 부드럽게
만든 후 사용하세요. 구움색이 연할 경우 2~3분간 더 구
워주세요.

13 오븐에서 꺼내 틀째로 한 김 식힌 후 식힘망
에 올려 완전히 식힌다.

TIP 뜨거울 때 틀에서 분리하면 망가질 수 있으니 주의
하세요.

옥수수 체더 치즈 쿠키

톡톡 터지는 옥수수와 짭짤한 체더 치즈가 쉴 새 없이 씹혀 단짠단짠을 즐길 수 있어요.

굽는 온도
180℃

 **굽는 시간**
18분

 분량
8개

재료

☐ 무염 버터 100g
☐ 백설탕 80g
☐ 소금 1g
☐ 달걀 55g
☐ 중력분 165g

☐ 베이킹파우더 3g
☐ 캔옥수수 100g
☐ 체더 치즈 80g
☐ 토핑용 슈레드 치즈 약간

사전 작업

☐ 모든 재료는 실온 상태로 준비한다.
☐ 캔옥수수는 물기를 쭉 짜서 준비한다.
☐ 체더 치즈는 가로세로 1cm 크기로 잘라서 준비한다.

만드는 법

1 무염 버터를 볼에 넣고 중속으로 버터 모양이 풀어질 때까지 휘핑한다.

2 백설탕을 넣고 중속으로 골고루 휘핑한다.

3 반죽을 하나로 모아준 후 달걀을 넣는다.

4 반죽이 어우러질 정도까지만 중속으로 휘핑한다.

5 중력분과 베이킹파우더를 체 쳐 넣고 주걱으로 섞는다.

6 가루가 80% 섞이면 옥수수와 체더 치즈를 넣고 골고루 섞는다.

7 반죽을 랩으로 감싼 후 냉장고에서 1시간 이상 휴지한다.

8 반죽 휴지가 끝나면 8개로 소분해서 동그랗게 뭉친다.
TIP 반죽 휴지가 끝나면 오븐을 200℃로 15분 이상 예열하세요

9 오븐에 넣어 180℃에서 10분간 구운 후 토핑용 슈레드 치즈를 얹는다.

TIP 토핑 작업은 신속하게 해야 반죽이 골고루 익습니다.

10 다시 180℃에서 8분간 구운 후 식힘망에 올려 완전히 식힌다.

대파 베이컨 쿠키

바삭하게 구운 베이컨과 향긋한 대파 향이 매력적인 스콘 식감의 쿠키에요.

굽는 온도
180℃

  굽는 시간
17분

 분량
8개

재료

☐ 무염 버터 100g
☐ 백설탕 55g
☐ 소금 1g
☐ 달걀 55g
☐ 중력분 172g

☐ 베이킹파우더 3g
☐ 대파 30g
☐ 베이컨 50g
☐ 후추 1g
☐ 오일 8g

사전 작업

☐ 모든 재료는 실온 상태로 준비한다.
☐ 대파와 베이컨은 다져서 준비한다.

만드는 법

1 프라이팬에 오일을 두르고 대파, 베이컨, 후추를 넣는다.

2 중불에 노릇하게 볶아준다.

3 키친타월에 올려 기름을 제거하고 한 김 식힌
다.

4 무염 버터를 볼에 넣고 버터 모양이 풀어질
때까지 중속으로 휘핑한다.

5 백설탕과 소금을 넣고 중속으로 골고루 휘핑
한다.

6 반죽을 하나로 모아준 후 달걀을 넣는다.

7 반죽이 어우러질 정도까지만 중속으로 휘핑
한다.

8 중력분과 베이킹파우더를 체 쳐 넣고 주걱으
로 섞는다.

9 가루가 80% 섞이면 볶은 재료들을 넣는다.

10 날가루가 보이지 않을 때까지 주걱으로 섞는다.

11 반죽을 랩으로 감싼 후 냉장고에서 1시간 이상 휴지한다.

12 반죽 휴지가 끝나면 6개로 소분해서 동그랗게 뭉친다.

TIP 반죽 휴지가 끝나면 오븐을 200℃로 15분 이상 예열하세요.

13 예열한 오븐에 넣어 180℃에서 17분간 굽는다.

14 식힘망에 올려 완전히 식힌다.

더블 헤이즐넛 모카 쿠키

그윽한 커피 향과 고소하고 향긋한 헤이즐넛 향이 어우러지는 쿠키예요.
아메리카노와 잘 어울려요.

굽는 온도
180℃

 **굽는 시간**
15분

 분량
8개

재료

□ 무염 버터 100g

□ 백설탕 40g

□ 흑설탕 80g

□ 소금 1g

□ 달걀 55g

□ 중력분 130g

□ 헤이즐넛 파우더 60g

□ 인스턴트커피 가루 8g

□ 베이킹 소다 1g

□ 베이킹파우더 2g

□ 토핑용 헤이즐넛 48개

사전 작업

□ 모든 재료는 실온 상태로 준비한다.

□ 토핑용 헤이즐넛은 150℃에서 7분간 구운 후 사용한다.

□ 입자가 큰 인스턴트커피 가루는 곱게 갈아서 사용한다.

만드는 법

1 무염 버터를 볼에 넣고 버터 모양이 풀어질 때까지 중속으로 휘핑한다.

2 백설탕, 흑설탕, 소금을 넣고 중속으로 골고루 휘핑한다.

3 반죽을 하나로 모아준 후 달걀을 넣고 반죽이 어우러질 정도까지만 중속으로 휘핑한다.

4 모든 가루 재료를 체 쳐 넣는다.

5 날가루가 보이지 않을 때까지 주걱으로 섞는다.

6 반죽을 랩으로 감싼 후 냉장고에서 1시간 이상 휴지한다.

7 반죽 휴지가 끝나면 8개로 소분한 후 동그랗게 뭉쳐서 각각 헤이즐넛 6개를 토핑한다.

TIP 반죽 휴지가 끝나면 오븐을 200℃로 15분 이상 예열하세요.

8 예열한 오븐에 넣어 180℃에서 15분간 구운 후 식힘망에 올려 완전히 식힌다.

TIP 반죽이 차갑고 단단할수록 쿠키가 도톰하게 구워집니다.

Pleno

플레노 아메리칸 쿠키

솔티 캐러멜 쿠키

짭짤하고 깔끔한 말돈 소금과 밀크캐러멜이 어우러진 단짠단짠 쿠키예요.

굽는 온도
180℃

 **굽는 시간**
14분

 분량
8개

재료

☐ 버터 90g

☐ 설탕 100g

☐ 머스코바도 20g

☐ 소금 1꼬집

☐ 달걀 35g

☐ 캐러멜 소스 40g

☐ 중력분 220g

☐ 베이킹파우더 4g

☐ 밀크캐러멜 조각 분말 80g

☐ 토핑용 캐러멜 조각 약간

☐ 토핑용 말돈 소금 적당량

캐러멜 소스

☐ 생크림 70g

☐ 물 18g

☐ 설탕 70g

☐ 물엿 20g

만드는 법

1 생크림과 물, 물엿을 황갈색이 나도록 태운다.

2 생크림은 뜨겁게 데워 준비한다.

3 황갈색으로 태운 캐러멜에 불을 끄고 생크림을 조금씩 넣으며 저어준다.

4 캐러멜 소스는 덩어리 없이 액체 상태가 되면 완성이다. 분량의 캐러멜 소스를 준비한다.

5 버터를 50~60℃의 온도가 되도록 녹인다.

6 설탕, 머스코바도, 소금을 함께 넣어 섞는다.

7 달걀을 두 번에 나누어 넣어 매끄럽게 섞는다.

8 중력분, 베이킹파우더를 함께 체 쳐준다. 밀가루를 주걱으로 자르듯이 섞는다.

9 밀가루가 반 정도 섞이면 캐러멜 소스와 밀크 캐러멜 가루를 넣고 반죽한다.

10 120g씩 분할한다. 손자국이 나도록 성형한다. 냉장고에서 20분간 휴지 후 180℃에서 14분간 굽는다.

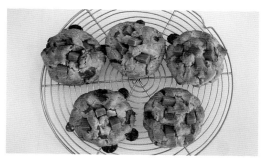

11 쿠키가 구워져서 나오면 따뜻할 때 캐러멜 조각을 꽂고 말돈 소금을 뿌려 장식한다.

TIP 취향에 따라 장식에 캐러멜 소스를 뿌려도 좋아요. 밀크캐러멜은 브랜드에 따라 캐러멜의 단단함 정도가 다르니 취향에 맞게 사용하세요.

말차 마카다미아 초코 쿠키

쌉쌀한 말차와 오독오독 씹히는 마카다미아가 참 잘 어울려요.
낮은 온도로 구워 말차 색을 살렸습니다.

굽는 온도
165℃

 굽는 시간
15분

 분량
5.5개

재료

☐ 버터 90g
☐ 설탕 105g
☐ 머스코바도 40g
☐ 달걀 50g
☐ 럼 4ml
☐ 중력분 200g
☐ 베이킹파우더 3g
☐ 베이킹 소다 2g
☐ 말차 가루 12g
☐ 마카다미아 분태 100g
☐ 화이트 초콜릿 80g

다크 가나슈

☐ 다크 커버처 초콜릿 80g
☐ 트리몰린 15g
☐ 생크림 35g
☐ 버터 50g
☐ 말차 리큐르 5ml

+장식

☐ 카카오닙스 적당량

사전 작업

☐ 마카다미아는 150℃ 오븐에서 8분간 구워서 사용한다.

만드는 법

1 버터를 50~60℃의 온도가 되도록 녹인다.

2 설탕과 머스코바도를 함께 넣어 섞는다.

3 달걀을 두 번에 나누어 넣어 매끄럽게 섞는다.

4 럼을 추가하여 풍미를 더한다.

> **TIP** 럼이나 말차 리큐르 같은 술은 바닐라에센스로 대체해도 좋아요.

5 중력분, 베이킹파우더, 베이킹 소다, 말차 가루를 함께 체 쳐준다. 밀가루를 주걱으로 자르듯이 섞는다.

> **TIP** 말차의 쓴맛을 좋아한다면 가루 양을 늘려도 됩니다.

6 밀가루가 반 정도 섞이면 마카다미아를 넣고 반죽한다.

7 반죽이 한 덩어리가 되면 120g씩 분할한다. 가운데의 홈이 생기도록 성형한다. 냉장고에서 20분간 휴지 후 165℃에서 15분간 굽는다.

8 다크 커버처 초콜릿, 트리몰린, 생크림을 함께 데워 가나슈를 만든다.

9 실온의 말랑한 버터를 넣어 섞어주고, 말차 리큐르를 넣어 향을 더해준다.

10 얼음물에 중탕하여 저어서 흐르지 않는 크림 상태가 되도록 온도를 낮춘 후(약 23℃) 구운 쿠키에 올려 장식한다. 가나슈가 굳기 전 카카오닙스를 뿌려 장식한다.

나초 치즈 쿠키

과자 같은 식감이 재미있는 쿠키예요.
달콤하면서 짭짤해서 아이들의 간식으로, 어른들의 술안주로도 잘 어울립니다.

재료

□ 버터 90g

□ 설탕 100g

□ 머스코바도 32g

□ 달걀 50g

□ 바닐라에센스 5ml

□ 중력분 190g

□ 베이킹파우더 4g

□ 아몬드 파우더 40g

□ 파르메산 치즈 파우더 40g

□ 황치즈 가루 28g

□ 나초 과자 50g

+토핑

□ 치즈 디핑 소스(리코스 나초 치즈 소스) 적당량

□ 나초 과자 약간

--- **만드는 법** ---

1 버터를 50~60℃의 온도가 되도록 녹인다.

2 설탕과 머스코바도를 함께 넣어 섞는다.

3 달걀을 두 번에 나누어 넣어 매끄럽게 섞는다.

4 바닐라에센스를 넣어 섞는다.

5 중력분, 베이킹파우더, 아몬드 파우더, 파르메산 치즈, 황치즈 가루를 함께 체 쳐준다.

　TIP 황치즈 분말 양을 늘리면 더욱 진하고 고소해져요.

6 밀가루를 주걱으로 자르듯이 섞는다. 밀가루가 반 정도 섞이면 부순 나초 과자를 넣고 반죽한다.

7 반죽이 한 덩어리가 되면 120g씩 분할한다. 가운데의 홈이 생기도록 성형한다. 냉장고에서 20분간 휴지 후 180℃에서 14분간 굽는다.

8 쿠키가 모두 식으면 치즈 소스를 쿠키에 얹고, 나초 과자를 뿌려 장식한다.

블론디 쿠키

태운 버터(헤이즐넛 버터)로 만든 쿠키는 풍미과 고소함이 남달라요. 은은하게 퍼지는
버터의 풍미에 오독오독 씹히는 마카다미아와 상콤한 크랜베리의 조화가 맛있는 쿠키입니다.

굽는 온도
180℃

 굽는 시간
14분

 분량
5개

재료	☐ 버터 110g(태운 후 90g)	☐ 베이킹파우더 4g
	☐ 설탕 30g	☐ 베이킹 소다 1g
	☐ 머스코바도 115g	☐ 크랜베리 50g
	☐ 달걀 45g	☐ 화이트 초콜릿 40g
	☐ 바닐라 페이스트 10g	☐ 마카다미아 40g
	☐ 중력분 225g	

사전 작업 ☐ 마카다미아는 150℃ 오븐에서 8분간 구워서 사용한다.

만드는 법

1 버터를 150℃까지 저으며 태운 후 60℃까지
온도를 낮춘다.

TIP 버터는 브랜드에 따라 태웠을 때 향과 맛이 달라져
요. 발효 버터 종류를 태우면 더욱 맛있습니다.

2 설탕과 머스코바도를 함께 넣어 섞는다.

3 달걀을 두 번에 나누어 넣어 매끄럽게 섞는다.

4 바닐라 페이스트를 넣어 향과 맛을 더한다.

5 중력분, 베이킹파우더, 베이킹 소다를 함께 체쳐준다. 밀가루를 주걱으로 자르듯이 섞는다.

6 밀가루가 반 정도 섞이면 크랜베리, 화이트 초콜릿, 마카다미아를 넣고 반죽한다.

7 반죽이 한 덩어리가 되면 120g씩 분할한다. 손자국이 나게 성형한다. 냉장고에서 20분간 휴지 후 180℃에서 14분간 굽는다.

시나몬 약과 쿠키

쫀득하고 달콤한 우리 전통 과자인 약과를 활용해 쿠키를 만들어보세요.
명절 선물로도 좋고, 아이스크림과 함께 먹어도 잘 어울립니다.

굽는 온도
190℃

 굽는 시간
12분

 분량
5개

재료

□ 버터 90g

□ 설탕 72g

□ 머스코바도 70g

□ 달걀 50g

□ 중력분 200g

□ 베이킹파우더 4g

□ 아몬드 파우더 30g

□ 시나몬 파우더 1g

□ 약과 다진 것 90g

데코

□ 미니 약과 약간

□ 조청 적당량

□ 금박 약간

사전 작업

□ 약과는 작게 다져서 준비한다.

만드는 법

1 버터를 50~60℃의 온도가 되도록 녹인다.

2 설탕과 머스코바도를 함께 넣어 섞는다.

3 달걀을 두 번에 나누어 넣어 매끄럽게 섞는다.

4 중력분, 베이킹파우더, 아몬드 파우더, 시나몬 파우더를 함께 체 쳐준다. 밀가루를 주걱으로 자르듯이 섞는다.

5 밀가루가 반 정도 섞이면 약과 다진 것을 넣고 반죽한다.

6 반죽이 한 덩어리가 되면 120g씩 분할한다.

7 냉장고에서 20분간 휴지 후 190℃에서 12분간 굽는다.

8 따뜻한 상태일 때 미니 약과를 꽂고, 조청을 짤주머니로 짠 후 금박으로 장식한다.

TIP 조청 대신 쌀엿으로 대체 가능해요. 향을 더욱 많이 나게 하고 싶을 땐 조청에 스틱 시나몬과 생강을 넣어 끓인 후 식혀서 사용하세요.

에스프레소 바닐라 쿠키

은은하게 퍼지는 커피 향과 부드럽게 녹는 바닐라빈,
콕콕 박힌 가나슈 초콜릿의 조화가 매력적인 쿠키에요.

재료

□ 버터 90g
□ 설탕 90g
□ 머스코바도 25g
□ 바닐라 설탕 5g
□ 달걀 40g
□ 커피 에센스 6g
□ 커피 리큐르(깔루아) 2ml
□ 중력분 230g
□ 베이킹파우더 5g
□ 아몬드 파우더 15g
□ 청크 초코칩 60g

바닐라 가나슈

□ 발로나 오팔리스(화이트 커버처 초콜릿) 85g
□ 트리몰린 10g
□ 생크림 40g
□ 바닐라빈 1/4g(또는 바닐라 페이스트 5g)
□ 버터 50g

만드는 법

1 버터를 50~60℃의 온도가 되도록 녹인다. 설탕, 머스코바도, 바닐라 설탕을 넣어 섞는다.

2 달걀을 두 번에 나누어 넣어 매끄럽게 섞고 커피 에센스와 리큐르를 넣어 향과 맛을 추가한다.

3 중력분, 베이킹파우더, 아몬드 파우더를 함께 체 쳐준다. 밀가루를 주걱으로 자르듯이 섞는다.

4 밀가루가 반 정도 섞이면 청크 초코칩을 넣고 반죽한다.

> **TIP** 초콜릿칩은 원하는 크기나 맛으로 대체 가능해요.

5 반죽이 한 덩어리가 되면 120g씩 분할한다. 가운데의 홈이 생기도록 성형한다. 냉장고에서 20분간 휴지 후 180℃에서 14분간 굽는다.

6 화이트 초콜릿, 생크림, 트리몰린을 함께 녹을 정도까지만 따뜻하게 데운다.

7 바닐라빈 또는 페이스트를 넣어 섞고 실온의 말랑한 버터를 넣어 녹인다. 얼음물에 중탕하여 가나슈를 저어준다.

> **TIP** 바닐라빈과 페이스트가 없다면 바닐라 향 분말 또는 바닐라에센스로 대체 가능하지만, 바닐라 본연의 맛과 다를 수 있어요.

8 바닐라 가나슈가 흐르지 않는 크림 상태가 되면 식은 쿠키에 올려 펴준다.

헤이즐넛 초콜릿 가나슈 쿠키

고급스러운 헤이즐넛의 풍미가 초콜릿과 부드럽게 어우러집니다.
바삭하게 씹히는 헤이즐넛 토핑으로 식감과 비주얼을 한 번에 잡았어요.

굽는 온도
180℃

 굽는 시간
14분

 분량
4.5개

재료

□ 버터 85g
□ 설탕 100g
□ 머스코바도 30g
□ 달걀 35g
□ 중력분 170g
□ 베이킹파우더 4g
□ 헤이즐넛 파우더 30g
□ 코코아 파우더 30g
□ 청크 초콜릿 80g

헤이즐넛 가나슈

□ 다크 커버처 초콜릿 85g
□ 생크림 40g
□ 트리몰린 20g
□ 헤이즐넛 리큐르(프란젤리코) 8ml
□ 버터 60g

헤이즐넛 토핑

□ 헤이즐넛 분태(콩카세) 83g
□ 물 20g
□ 설탕 52g

사전 작업

□ 통헤이즐넛은 150℃ 오븐에서 8분간 구운 후 칼로 잘게 다져서 사용한다(헤이즐넛 분태).

만드는 법

1 버터를 50~60℃의 온도가 되도록 녹인다.

2 설탕과 머스코바도를 함께 넣어 섞는다.

3 달걀을 두 번에 나누어 넣어 매끄럽게 섞는다.

4 중력분, 베이킹파우더, 헤이즐넛 파우더, 코코아 파우더를 함께 체 쳐준다. 밀가루를 주걱으로 자르듯이 섞는다.

5 밀가루가 반 정도 섞이면 청크 초콜릿을 넣고 반죽한다.

6 바닥이 넓은 냄비에서 물과 설탕을 가운데까지 끓인다.

7 전체가 끓으면 헤이즐넛 다진 것을 넣어 투명한 색이 흰색이 될 때까지 약불로 가열한다.

8 하얀 결정이 생기면 불을 끄고 유산지에 부어 식혀 사용한다. 헤이즐넛 토핑으로 활용한다.

9 반죽이 한 덩어리가 되면 120g씩 분할한다. 가운데에 홈이 생기도록 성형한다. 헤이즐넛 토핑을 쿠키 바깥부분에 붙여주고, 20분 냉장 휴지 후 180℃에서 14분간 굽는다.

10 다크 초콜릿, 생크림, 트리몰린을 함께 데워 헤이즐넛 가나슈를 만든다. 실온의 말랑한 버터를 넣어 잘 녹여준 후, 헤이즐넛 리큐르를 넣어 향을 더한다. 얼음물에서 중탕하여 가나슈가 흐르지 않는 상태가 되면 구운 쿠키에 얹어 장식한다.

> **TIP** 헤이즐넛 리큐르 대신 바닐라에센스나 어울릴 만한 다른 리큐르를 사용해도 좋아요.

화이트 M&M 쿠키

알록달록해서 자꾸 눈길이 가는 쿠키예요.
쿠키 반죽에도, 토핑에도 M&M 초콜릿을 듬뿍 활용했어요.

굽는 온도
180℃

 굽는 시간
14분

 분량
6개

재료
- ☐ 버터 95g
- ☐ 설탕 153g
- ☐ 달걀 30g
- ☐ 흰자 15g
- ☐ 바닐라에센스 5ml
- ☐ 중력분 205g
- ☐ 베이킹파우더 4g

- ☐ 화이트 커버처 초콜릿 90g
- ☐ M&M 초콜릿 분태 120g

+데코
- ☐ 화이트 초콜릿 적당량
- ☐ M&M 초콜릿 적당량

사전 작업
- ☐ M&M 초콜릿을 작게 다져 준비한다.

만드는 법

1 버터를 50~60℃의 온도가 되도록 녹인다.

2 설탕을 넣어 섞어준다.

3 달걀을 두 번에 나누어 넣어 매끄럽게 섞는다.

4 바닐라에센스를 넣어 향을 더한다.

5 중력분, 베이킹파우더를 함께 체 쳐준다. 밀가루를 주걱으로 자르듯이 섞는다.

6 밀가루가 반 정도 섞이면 화이트 초콜릿과 M&M 초콜릿을 넣어 반죽한다.

7 반죽이 한 덩어리가 되면 120g씩 분할한다. 손으로 눌러 동글납작한 모양으로 성형한다. 성형한 쿠키에 M&M 초콜릿을 붙인다.

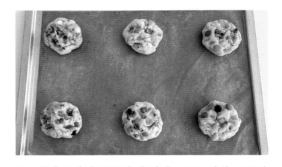

8 냉장고에서 20분간 휴지 후 180℃에서 14분간 굽는다.

TIP 크러쉬드 캔디(M&M 초콜릿 분태)를 사서 장식해도 좋아요. 쿠키가 따뜻할 때 화이트 초콜릿을 꽂아주어 반죽에도 화이트 초콜릿이 들어가는 점을 보여주면 더 예뻐요.

| 굽는 온도
180℃ |  굽는 시간
14분 | 분량
4개 |

재료

☐ 버터 85g
☐ 설탕 70g
☐ 머스코바도 65g
☐ 달걀 30g
☐ 키르쉬(체리술) 8ml
☐ 중력분 190g
☐ 베이킹파우더 4g
☐ 코코아 파우더 30g

체리잼

☐ 체리(씨 제거한 것) 100g
☐ 아마레나 통조림 100g
☐ 펙틴 가루 5g
☐ 설탕 7g
☐ 키르쉬 3g

+ 토핑

☐ 코팅용 화이트 초콜릿 적당량
☐ 초콜릿 코포 적당량

사전 작업

☐ 체리잼은 만든 후 식혀서 사용한다.

만드는 법

1   버터를 50~60℃의 온도가 되도록 녹인다.

2   설탕과 머스코바도를 함께 넣어 섞는다.

3 달걀을 두 번에 나누어 넣어 매끄럽게 섞는다.

4 키르쉬를 넣어 향을 더한다.

TIP 키르쉬(체리술)은 생략 가능해요.

5 중력분, 베이킹파우더, 코코아 파우더를 함께 체 쳐준다. 밀가루를 주걱으로 자르듯이 섞 는다.

6 밀가루가 매끄럽게 섞여 반죽이 한 덩어리가 되면 120g씩 분할한다. 가운데 홈이 생기도록 성형한다. 냉장고에서 20분간 휴지 후 180℃ 에서 14분간 굽는다.

7 씨를 제거한 체리와 아마레나 통조림을 함께 냄비에 준비한다.

8 블렌더로 체리와 통조림을 블렌더로 갈아준다.

9 펙틴 가루와 설탕을 함께 끓는 냄비에 붓고
곧바로 휘퍼로 저어가며 약 2분간 졸인다.

10 불을 끄고 키르쉬를 넣고 식힌다.

11 식은 쿠키에 체리잼을 넣고, 녹인 코팅용 화이
트 초콜릿을 뿌려준다. 초콜릿이 굳기 전 초
콜릿 코포 장식을 한가득 붙인다.

　TIP 코팅용 화이트 초콜릿을 쿠키에 가득 뿌려야 초콜
릿 코포를 가득 올릴 수 있습니다.

블랙 오레오 HOT POT 쿠키

따뜻한 쿠키 반죽에 차가운 아이스크림을 함께 얹어 먹는 쿠키예요.
손님이 오셨을 때 식사 후 근사하게 대접해보세요.

굽는 온도
190℃

 굽는 시간
14~15분

 분량
그라탱 용기 1개

재료

- □ 버터 48g
- □ 머스코바도 55g
- □ 달걀 20g
- □ 바닐라에센스 4ml
- □ 중력분 80g
- □ 베이킹파우더 2.5g
- □ 콘스타치 10g

- □ 블랙 코코아 파우더 15g
- □ 오레오 과자 45g

+토핑
- □ 오레오 과자 적당량
- □ 아이스크림 적당량

사전 작업

- □ 오븐용 용기에 녹인 버터를 골고루 칠한다.

만드는 법

1 버터를 50~60℃의 온도가 되도록 녹인다.

2 머스코바도를 넣어 섞는다.

153

3 달걀을 두 번에 나누어 넣어 매끄럽게 섞는다. 바닐라에센스를 넣어 향을 더한다.

4 중력분, 베이킹파우더, 콘스타치, 블랙 코코아 파우더를 함께 체 쳐준다. 밀가루를 주걱으로 자르듯이 섞는다.

TIP 블랙 코코아 파우더를 생략하고 중력분을 10g 늘려 일반 반죽으로 사용할 수 있어요.

5 밀가루가 반 정도 섞이면 오레오 과자를 부숴 넣고 반죽한다.

TIP 오레오 과자 대신 다른 부재료를 넣어 원하는 맛으로 응용해보세요.

6 반죽이 한 덩어리가 되면 버터를 칠해둔 오븐용 용기에 약 2cm의 두께로 눌러 펼쳐준다.

7 분량 외 오레오 과자를 부숴 뿌린다. 냉장고에서 20분간 휴지 후 190℃에서 14~15분간 굽는다.

8 쿠키가 따뜻할 때 아이스크림을 얹어 먹는다.

헤이즐넛 루비 쿠키

초콜릿에 건조 딸기 분태를 뿌려 상큼함을 더했습니다.
오독오독 씹히는 식감이 매력적인 쿠키에요.

재료

☐ 버터 90g
☐ 설탕 70g
☐ 머스코바도 70g
☐ 달걀 45g
☐ 헤이즐넛 리큐르 5ml
☐ 중력분 218g
☐ 베이킹파우더 4g

☐ 아몬드 파우더 20g
☐ 헤이즐넛 콩카세 100g
☐ 루비 초콜릿 80g

+장식
☐ 루비 초콜릿 적당량
☐ 동결 건조 딸기 분태 적당량

사전 작업

☐ 통헤이즐넛을 150℃ 오븐에서 8분간 구운 후 잘게 다져서 준비한다.

만드는 법

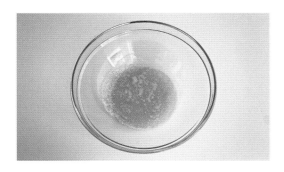

1 버터를 50~60℃의 온도가 되도록 녹인다.

2 설탕과 머스코바도를 함께 넣어 섞는다.

3 달걀을 두 번에 나누어 넣어 매끄럽게 섞는다.

4 헤이즐넛 리큐르를 넣어 향을 더한다.

5 중력분, 베이킹파우더, 아몬드 파우더를 함께
체 쳐준다. 밀가루를 주걱으로 자르듯이 섞
는다.

6 밀가루가 반쯤 섞였을 때 헤이즐넛 콩카세와
루비 초콜릿을 넣고 반죽한다.

7 반죽이 한 덩어리가 되면 120g씩 분할한다.
손자국을 내 쿠키를 성형한다. 냉장고에서 20
분간 휴지 후 180℃에서 14분간 굽는다.

8 쿠키가 구워지면 따뜻할 때 초콜릿을 꽂고, 녹
은 부분에 딸기 분태를 뿌려 장식한다.
TIP 쿠키에 미니 마시멜로나 다른 과자를 꽂아 다양한
맛으로 장식할 수 있어요.

핫초코 마시멜로 쿠키

거울철 마시는 핫초코가 연상되는 쿠키예요.
따뜻한 상태로 즐겨도 좋고 우유와 함께 먹으면 더 좋아요.

굽는 온도
180℃

 굽는 시간
14분

 분량
5개

재료

☐ 버터 90g,
☐ 설탕 75g
☐ 머스코바도 55g
☐ 달걀 43g
☐ 중력분 220g
☐ 베이킹파우더 4g
☐ 허쉬 코코아 파우더 35g
☐ 초콜릿칩 90g

+토핑

☐ 미니 마시멜로 적당량
☐ 코팅용 다크 초콜릿 적당량

———— **만드는 법** ————

1 버터를 50~60℃의 온도가 되도록 녹인다.

2 설탕과 머스코바도를 함께 넣어 섞는다.

3 달걀을 두 번에 나누어 넣어 매끄럽게 섞는다.

4 중력분, 베이킹파우더, 허쉬 코코아 파우더를 함께 체 쳐준다. 밀가루를 주걱으로 자르듯이 섞는다.

TIP 허시 코코아 파우더를 추가하면 더욱 진한 핫초코 쿠키를 즐길 수 있어요.

5 밀가루가 반 정도 섞이면 초콜릿칩을 넣어 반 죽한다. 반죽이 한 덩어리가 되면 120g씩 분 할한다.

6 손으로 눌러 반죽을 동글납작하게 성형한다. 냉장고에서 20분간 휴지 후 180℃에서 8분간 굽는다.

7 미니 마시멜로를 얹고 다시 6분 굽는다.

TIP 8분 굽고 뜨거울 때 바로 쿠키에 미니 마시멜로를 꽂아줘야 해요. 쿠키가 뜨거우니 조심해주세요. 마시멜로 는 오랜 시간 열을 가하면 모두 녹아 형태가 없어져요.

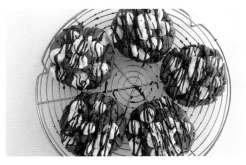

8 쿠키가 모두 식으면 녹인 코팅용 다크 초콜릿 을 짤주머니에 넣어 드리즐한다.